江西省研究生优质课程系列教材

土壤化学研究进展

张 嵌 主编

中国农业科学技术出版社

图书在版编目(CIP)数据

土壤化学研究进展／张嵚主编．--北京：中国农业科学技术出版社，2024.9

　　ISBN 978-7-5116-6685-7

Ⅰ.①土⋯　Ⅱ.①张⋯　Ⅲ.①土壤化学-研究方法　Ⅳ.①S153.1

中国国家版本馆 CIP 数据核字(2023)第 256492 号

责任编辑	朱　绯
责任校对	马广洋
责任印制	姜义伟　王思文

出 版 者	中国农业科学技术出版社
	北京市中关村南大街 12 号　邮编：100081
电　　话	（010）82109707（编辑室）　（010）82106624（发行部）
	（010）82109709（读者服务部）
网　　址	https://castp.caas.cn
经 销 者	各地新华书店
印 刷 者	北京建宏印刷有限公司
开　　本	170 mm×240 mm　1/16
印　　张	12　插页 8 页
字　　数	201 千字
版　　次	2024 年 9 月第 1 版　2024 年 9 月第 1 次印刷
定　　价	45.00 元

◆ 版权所有·翻印必究 ▶

《土壤化学研究进展》编委会

主　编：张　歆

编　委：李　阳　兰　帅　姜冠杰　郑太辉
　　　　严玉鹏　张　歆　梁　丰　秦张杰
　　　　黄燕兰

目　　录

专题 1　土壤有机质 ··· 1
　一、土壤有机碳库的重要意义 ·· 1
　二、农田土壤固碳效率研究 ·· 1
　三、土壤固碳机制 ·· 4
　四、土壤固碳效率的影响因素 ·· 5
　五、土壤活性（可氧化态）有机碳研究现状 ································· 7
　六、黑土有机碳含量 ··· 8
　七、黑土有机质提升原则与措施 ··· 9
　参考文献 ··· 10

专题 2　土壤铁锰矿物界面的氧化还原化学 ································ 17
　一、土壤中的铁锰氧化矿物 ·· 17
　二、铁锰氧化物在氧化还原反应中的作用 ···································· 22
　三、影响铁锰界面氧化还原反应的环境因素 ································ 30
　四、总结及展望 ·· 33
　参考文献 ··· 34

专题 3　土壤中常见氧化锰的转化以及对金属离子的富集机制 ··· 47
　一、土壤中氧化锰矿物 ·· 47
　二、层状与隧道结构氧化锰间的转化 ·· 51
　三、土壤中常见氧化锰对重金属的富集作用 ································ 53
　四、总结及展望 ·· 58
　参考文献 ··· 59

专题 4　无机磷和有机磷在土壤矿物表面的吸附特性和机制 ······ 66
　一、土壤磷素的界面反应 ·· 66
　二、磷酸根在矿物表面的吸附 ·· 66
　三、有机磷吸附—解吸的影响因素和反应特性 ···························· 73

四、总结及展望 ·· 80
　　参考文献 ·· 82

专题 5　土壤光化学 ·· 90
　　一、环境矿物光化学 ·· 90
　　二、土壤气体光化学 ·· 93
　　三、土壤中污染物的光化学行为 ·································· 96
　　参考文献 ·· 98

专题 6　土壤生物化学 ··· 106
　　一、土壤微生物 ··· 106
　　二、土壤碳、氮、磷、硫的生物化学 ····························· 108
　　三、土壤重金属和多环芳烃的生物化学 ··························· 116
　　四、总结及展望 ··· 119
　　参考文献 ·· 120

专题 7　农业面源污染现状及防控技术研究进展 ······················· 123
　　一、农业面源污染现状及危害 ··································· 123
　　二、农业面源污染主要途径 ····································· 124
　　三、农业面源污染迁移转化途径 ································· 127
　　四、农业面源污染综合控制技术 ································· 130
　　五、总结及展望 ··· 131
　　参考文献 ·· 132

专题 8　重金属污染修复及典型技术案例 ····························· 137
　　一、土壤重金属污染对人体健康的危害 ··························· 137
　　二、重金属污染土壤修复技术 ··································· 137
　　三、磷酸盐修复重金属铅污染土壤案例 ··························· 140
　　四、重金属污染耕地安全利用与治理 ····························· 150
　　参考文献 ·· 151

专题 9　离子型稀土尾矿区土壤退化培肥及安全高效利用技术 ··········· 156
　　一、离子型稀土尾矿区土壤控酸培肥和肥沃耕层培育技术 ············ 156
　　二、离子型稀土尾矿土壤安全高效利用技术 ······················· 173
　　参考文献 ·· 184

专题1 土壤有机质

一、土壤有机碳库的重要意义

土壤有机碳（SOC）库是陆地生态系统中最大的碳库，其储量是植物圈和大气圈的两倍多（Post et al., 1990；Jobbagy and Jackson, 2000）。全球 2 m 深度的土壤内有机碳储量为 2 376~2 456 Pg（1 Pg = 10^{15} g）（Baties, 1996），1 m 深的土壤内有机碳储量为 1 220~2 000 Pg，而 0~30 cm 土层内的有机碳储量约为 684~724 Pg C（Sombroek et al., 1993；Janzen, 2005）。土壤有机碳与全球气候变化密切相关（Jenkinson et al., 1991；Castellano et al., 2015；Lehmann and Kleber, 2015），在固定大气 CO_2、减缓气候变化方面有着巨大的作用及潜力。

农田土壤有机碳是评价农田土壤肥力的重要指标，决定着土壤的物理、化学、生物性状，是保证作物高产稳产的基础（徐明岗等, 2006；Pan et al., 2009；Lal, 2013）。表层农田生态系统中碳储量占陆地总有机碳储量 10% 左右（140~170 Pg），是陆地土壤碳库中最活跃的部分（Schlesinger, 1997）。农田 SOC 的增加不但能够保障粮食安全而且能缓解全球气候变化，被认为是双赢策略之一（Lal, 2004a, 2004b；Smith, 2004；Hutchinson et al., 2007）。我国农田表层的有机碳储量为 25~27 Pg，在全球碳预算中发挥着重要作用（Yan et al., 2007；Qin et al., 2013）。

二、农田土壤固碳效率研究

土壤有机碳的固持对于改善土壤肥力、维持生产力和提升环境质量有重要作用（Banger et al., 2010）。农田土壤有机碳主要来源为作物残体（稻草、根茬、根系和根系渗出液）及添加到土壤中的有机肥或秸秆。但是 SOC 的动态变化取决于有机碳输入和输出的平衡（Six et al.，2002；Kundu et al.，2007；Sistla et al.，2013）。因此，增加 SOC 最直接和最有效的方法是提高外源有机碳的投入量（Young，1997；Oelbermann et al.，2004；Zhang et al.，2010）。然而 SOC 的变化不仅受到碳投入量多少的影响，还受输入碳的转化率的影响，后者可称为固碳效率（即 CSE）。CSE 表示单位外源有机碳转化为土壤有机碳百分比（Stewart et al.，2007）。土壤固碳效率的获取过程综合了长期条件下各种有机物料碳投入，因此更能反映有机碳投入田间转化的真实状况，适用于区域对比研究，因此成为科学研究及生产实践中重要的参数（Batjes and Sombroek，1997；Lal and Kimble，2000）。

不同来源的碳投入计算公式如下所示。

（1）小麦根茬碳投入

$$\mathrm{RCI}_{小麦} = [(Y_{籽粒} + Y_{秸秆}) \times (\frac{30\%}{70\%}) \times R + Y_{秸秆} \times R_s] \times (1 - 14\%) \times 0.399 \quad (1-1)$$

其中，$Y_{籽粒}$ 为小麦籽粒产量（kg/hm²），$Y_{秸秆}$ 为小麦秸秆产量（kg/hm²）。30% 是小麦光合作用进入地下部分的碳的比例，70% 为相应的地上部分的比例；R 为小麦根系生物量在 0~20 cm 土层的分布的百分比；在表层土壤固碳效率的研究中，根据文献中所计算小麦根系生物量平均 75.3% 分布在 0~20 cm 土层。对于 R_s，根据测定数据不施肥对照留茬所占秸秆生物量的比例为 18.3%，化肥管理措施下，有机肥管理措施下为 13.1%；根据《中国有机肥料养分志》中数据，小麦地上部分风干样平均含水量为 14%，平均烘干基有机碳含量为 399 g/kg。

（2）玉米根茬碳投入

$$\mathrm{RCI}_{玉米} = [(Y_{籽粒} + Y_{秸秆}) \times (\frac{26\%}{74\%}) \times R + Y_{秸秆} \times 3\%] \times (1 - 14\%) \times 0.444 \quad (1-2)$$

其中，玉米光合作用所产生的生物量 26% 进入地下部分，74% 为相应的地上部分的比例；R 为玉米根系生物量在 0~20 cm 土层的分布的百分比；在表层土壤固碳效率的研究中，根据文献中所计算玉米根系生物量平均

85.1%分布在 0~20 cm 土层；在深层土壤固碳效率的研究中，假设玉米的全部根系分布在 0~60 cm。根据测定数据得出玉米留茬平均所占其秸秆生物量的 3%；《中国有机肥料养分志》中，玉米地上部分生物量风干基平均含水量为 14%，其烘干基的平均有机碳含量为 444 g/kg。

（3）水稻碳投入

$$\mathrm{RCI}_{水稻} = \left[(Y_{籽粒} + Y_{秸秆}) \times \left(\frac{30\%}{100\%} + 5.6\% \right) \right] \times (1 - 14\%) \times 0.418 \tag{1-3}$$

其中，30% 为水稻地下部分占地上部分的比例；5.6% 为水稻所有处理残茬占地上部分的比例；14% 为地上部分风干基含水量，418 g/kg 为水稻地上部分平均有机碳含量。

（4）有机肥碳投入

$$\mathrm{MCI} = C_{含量} \times (1 - W) \times \frac{施肥量}{1\,000} \tag{1-4}$$

其中，MCI 为有机肥的碳投入量（t/hm²），$C_{含量}$ 是指实测有机肥的有机碳含量（g/kg）；W 为有机肥含水量（%）；施肥量为施用有机肥的鲜基重（kg/hm²）。

土壤碳储量及固碳效率（CSE）计算公式如下：

耕层（20 cm）的土壤 $C_{储量}$（Mg/hm²）计算公式：

$$C_{储量} = \mathrm{SOC} \times \rho \times D \times 10 \tag{1-5}$$

其中，SOC 是土壤有机碳浓度（g/kg），ρ 是土壤容重（g/cm³），D 是土壤深度（m），10 为转换系数。

根据以下公式分别计算 SOC 变化（ΔSOC，Mg/hm²）：

$$\Delta\mathrm{SOC} = \mathrm{SOC}_n \times \rho_n \times D \times 10 - \mathrm{SOC}_{初始} \times \rho_{初始} \times D \times 10 \tag{1-6}$$

SOC_n 和 $\mathrm{SOC}_{初始}$ 分别是第 n 年和初始年的 SOC 浓度（g/kg）。ρ_n 和 $\rho_{初始}$ 是在第 n 年和初始年份确定的土壤容重（BD）（g/cm³）。所有地点的 D 为 0.20 m。

$$\mathrm{CSE}_{0-20} = \frac{\Delta\mathrm{SOC}_{0-20}}{N \times \mathrm{CI}_{0-20}} \tag{1-7}$$

大量研究表明，在过去 30 年，通过不断改善土壤管理措施：实行免耕、增施有机肥、实行秸秆还田等，中国农田土壤总有机碳（SOC）水平维持或明显提高（黄耀和孙文娟，2006；Zhang et al.，2010，2012；徐明岗等，2015a），这与系统碳投入的增加有密切关联。研究发现，农田土壤碳投入量（CI）与SOC的变化量具有显著的正相关关系，且二者之间的响应关系多呈线性（Six et al.，2002；Kundu et al.，2007；Zhang et al.，2010）（图1-1）。长期施肥条件下，0~20 cm或0~30 cm土壤的CSE可能为负值、正值或几乎没有变化，并且点位之间的差异显著（Zhang et al.，2010）。

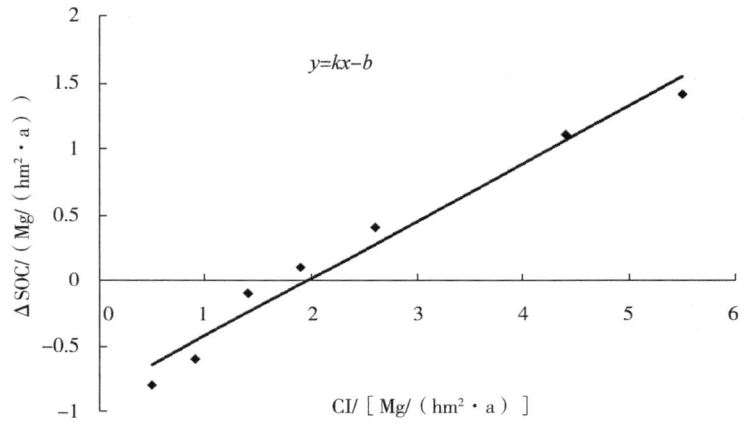

图1-1 土壤碳密度变化速率（△SOC）和年均碳投入水平（CI，carbon input rate）的相关关系模型

三、土壤固碳机制

土壤对有机碳的固存既是一个物理过程，也是一个化学过程，更是一个生物学过程，这主要是因为土壤有机碳主要受化学稳定、物理保护和生物化学稳定机制影响而固存于土壤中（Baldock and Skjemstad，2000；Six et al.，2002；Blanco-Canqui and Lal，2004；Lützow et al.，2006）。土壤有机碳的物理保护机制主要是通过在微生物和酶及其底物之间形成物理屏障，控制食物链间的相互作用和微生物的周转，从而使有机碳更多累积于土壤（Tisdall and Oades，1982；Six et al.，2000）。生物化学稳定机制与有机质自身的化学组成（如难分解的化合物、木质素和多酚类化合物），以及化学络

合过程（缩合反应）有关，受有机质自身结构的生化抗性、输入碳的类型的影响。化学稳定机制是指与土壤矿物（例如黏粒和粉粒）化学或物理化学上结合的 SOC，表现出很强的化学稳定性，这种有机—无机结合被认为是土壤中碳储量的控制因素（Hassink，1997；Six et al.，2002）。土壤矿物颗粒的物理属性（如比表面积）、含量、矿物组成阳离子交换量（CEC）、Fe/Al 氧化物及碱性元素（如 Ca）含量等土壤矿物颗粒本身物理与化学性质都会对矿物颗粒固存有机碳产生影响。有机质通过与矿物表面和金属离子之间的相互作用获得稳定，例如配位体交换、高价阳离子的桥接、金属离子与有机物质间的相互作用等，是矿物颗粒结合有机碳的实质（Six et al.，2000；Nobili et al.，2009；Feng et al.，2014；Yu et al.，2017；唐光木等，2013）。

土壤固碳机制复杂，不同保护机制下的有机碳库组分能用于表征 SOC 的动态和积累过程（Six et al.，1999，2002；Lützow et al.，2006），但每一种机制对有机碳的保护程度取决于土壤基质的理化性质以及有机质的化学结构和形态（Baldock and Skjemstad，2000）。Lützow et al.（2006）进一步指出土壤的生物群落可以分解任何来自天然的有机质，有机分子的抗分解性是相对的，而不是绝对的；有机质抗分解性只在分解的早期起到重要作用，且在表层土壤中较活跃；在分解的后期和底层土壤中，空间上的不可接近性和有机—矿物间的相互作用对有机碳的稳定作用增强。

四、土壤固碳效率的影响因素

土壤有机碳的转化是一个复杂的过程，受气候、土壤、生物及人为管理措施等影响显著（Lal et al.，2007；Pan et al.，2009；Luo et al.，2017）。气候、土壤类型等在较大区域尺度范围内决定农田土壤有机碳转化效率（孙文娟等，2008；Qin and Huang，2010；Zhang et al.，2010；Cong et al.，2012），而农业管理措施是影响同一地区内土壤有机碳含量和碳库潜力的主导因素（潘根兴等，2006；徐明岗等，2015a）。

施肥是农田管理措施中重要的方式。长期施肥改变了农田土壤表层和深层的碳储量。相对于不施肥处理（CK），长期施用化学氮肥、磷肥和钾肥（NPK）使 0~20 cm 土壤有机碳储量增加 11%~66%，20~60 cm 土壤有机碳储量增加 5%~43%（Nayak et al., 2012；Li et al., 2013；Liu et al., 2013；Yan et al., 2013；Zhou et al., 2013；Liu et al., 2014；Benbi et al., 2015；Wang et al., 2015；Zhang et al., 2015）。也有一些研究发现，施用 NPK 对土壤表层和深层的 SOC 储量无显著影响（Su et al., 2006；Gami et al., 2009；Nayak et al., 2012；Yan et al., 2013；Maillard et al., 2015）。然而，有研究发现长期施用 NPK 使我国干旱地区冬小麦种植体系中土壤 60~300 cm SOC 储量降低 5%~6%（Li et al., 2013）。化肥与有机肥配施（NPKM）使 0~60 cm 土壤有机碳储量增加 12%~13%（Su et al., 2006；Nayak et al., 2012；Liu et al., 2013；Yan et al., 2013；Zhou et al., 2013；Benbi et al., 2015；Chai et al., 2015；Wang et al., 2015；Zhang et al., 2015）。然而 NPKM 对 15~60 cm（Gami et al., 2009）和 60~100 cm（Liu et al., 2013）的 SOC 储量影响不大。总体而言，长期施肥对土壤有机碳储量的影响尤其深层有机碳储量的影响仍有高度的不确定性。

　　土壤固碳效率通常受气候条件（Li and Lin, 1993；Silver and Miya, 2001）、碳投入量（Maillard and Angers, 2014；Liu et al., 2014）、土壤性质（Percival et al., 2000；Fierer and Jackson, 2006；Zhang et al., 2010）等诸多因素的影响。其中，有研究认为气候因子中的水、热条件是影响投入碳转化效率的关键因子（Silver and Miya, 2001；Manning et al., 2008；2000；Li et al., 2012, 2013）。通常情况下，较高的气温和较多的降水可形成较高的土壤温—湿度环境，从而有利于土壤微生物的活动，促进投入碳的矿化分解，因而导致较低的有机碳转化效率（Silver and Miya, 2001）。例如 Johnson et al.（2006）研究指出，由于气温的差异，热带地区粪肥碳的转化效率（7%±5%）明显低于温带或寒带地区（23%±15%）。Li et al.（2012）揭示了在同一寒带地区同样土壤和植被条件下，年平均气温较高的低纬度地区凋落物层有机碳累积量显著低于年平均气温较低的高纬度地区。Li et al.（2013）发现有机质转化过程与当地气候条件下的土壤生物化学性质密切相关。由于有机物性质差异，在全球尺度上土壤固碳效率在有机肥和作物秸秆间差异明显，但均与碳投入量成正比（Maillard and Angers, 2014；Liu et al., 2014）。

　　质地是影响投入碳固存效率最常见、最主要的土壤性质。通常情况下，较黏的土壤对有机碳的保护作用较强，有利于碳的固存累积（McLauchlin，2006）。因此，土壤投入碳转化效率与土壤黏粒含量呈显著正相关（Zhang et al.，2010）。过低或过高的土壤 pH 值通常会抑制土壤微生物的繁殖生长，减少投入碳的分解，进而有利于土壤碳的固存累积。充分了解影响 SOC 动态变化的直接影响和间接影响影响因素及其相互作用关系，对于调控土壤固碳及了解不同土壤碳库的固碳机制具有重要理论意义。另外，CSE 也是时间的函数（Smith，2004；Wang et al.，2012；Zhen et al.，2011）。然而，SOC 转化的影响因素很多，并且各种因素之间存在交互作用，因此很难准确预测及定量化各因素的相对作用。同时，目前基于长期定位试验的 SOC 转化效率的影响因素定量化的相关研究较少。

五、土壤活性（可氧化态）有机碳研究现状

目前，有关有机质的分组方法包括物理、化学、生物、物理—化学联合分组方法。土壤有机碳的早期研究主要采用化学分组方法，通常基于土壤有机碳在各种提取剂中的溶解性、氧化性把有机碳分为活性和稳定性两个组分（张丽敏等，2014）。活性有机质是土壤有机质的活性部分，它是指土壤中有效性较高、易被土壤微生物分解矿化、对植物养分供应有最直接作用的那部分有机质（Janzen，1987；Whitbread et al.，1998；徐明岗等，2000；刘云慧等，2005）。酸水解过程中的提取剂主要是硫酸和盐酸，其能提取的部分为活性有机碳库。碳水化合物为活性有机碳，虽然其含量只占总有机碳的 10%~20%，却是微生物的主要能源和碳源，并参与土壤团聚体的形成，是土壤有机碳和土壤性质研究中的重要指标和对象（张焕军等，2013）。

大量研究表明，不均衡施用化肥不仅会造成土壤有机碳含量降低，而且会导致活性有机碳下降（Insam et al.，1989；Raun et al.，1998；徐明岗等，2006），而施用有机肥或化肥有机肥配合施用能明显提高土壤总有机碳和活性有机碳的含量（Janzen et al.，1992；Havlin et al.，1990；Six et al.1999；吴景贵等，1998；徐明岗等，2006），但由于受到气候、土壤母质和轮作方式等诸多因素的影响，土壤有机碳及其组分对相同施肥措施的响应在不同的区域存在较大差异（Govi et al.，1992；Jenkinson et al.，

1985)。目前与土壤活性碳库的研究主要以碳库管理指数、碳素有效率、碳库活度、碳库活度指数等表征土壤活性碳库的变化（李琳等，2006；杨滨娟等，2014）。首先，这些指标均为常数，因此适用于区域对比研究，与固碳效率有异曲同工之处；其次，这些指标可灵敏地反映活性碳库的变化（李琳等，2006；杨滨娟等，2014；夏海勇等，2014），故选择的指标如下：

碳库活度 = 土壤活性有机碳/（土壤有机碳−活性有机碳）　　　（1-8）

碳素有效率 A = 易氧化碳含量/土壤有机碳含量×100%　　　（1-9）

碳素有效率 B = 微生物生物量碳含量/土壤有机碳含量×100%　　　（1-10）

碳素有效率 C = 可溶性有机碳含量/土壤有机碳含量×100%　　　（1-11）

六、黑土有机碳含量

黑土是在温带湿润或半湿润气候草甸植被下形成的、具有深厚腐殖质层、黏化 B 层或风化 B 层、通体无石灰反应、中性反应的土壤。黑土曾称为退化黑钙土、变质黑钙土、淋溶黑钙土、灰化黑钙土、黑钙土型土、湿草原土和暗色草甸土等。1958 年全国第一次采用农民的常用名，改称为黑土。1963 年中国土壤分类系统（草案）把黑土和黑钙土分为两个独立的类。在 1978 年的中国土壤分类中将黑土列入半水成土纲；全国第二次土壤普查则将其划归半淋溶土纲。

20 世纪 50 年代大规模开垦以来，东北典型黑土区逐渐由林草自然生态系统演变为人工农田生态系统，由于气候变化和人类对黑土地的大规模、高强度开发利用（包括农业生产中农药、化肥的大量投入，机械翻耕等），土壤有机质消耗流失多，秸秆、畜禽粪肥等有机物补充回归少，导致有机质含量大幅降低，耕地基础地力下降，东北黑土地"变薄、变瘦、变硬"等退化问题日趋严峻，严重影响了东北黑土地农业的可持续发展。20 年来黑龙江省中部典型黑土 pH 值、有机质和速效钾含量明显降低，土壤肥力整体呈显著降低趋势；东北典型黑土区近 30 年的土壤有机碳密度下降 1.95 kg/m^2，黑土有机碳储量下降 0.29×10^{10} kg/hm^2。对 30 年来东北农田土壤养分的时空演化态势进行分析可以看出，SOC 含量下降和土壤酸化是黑土退化的核心问题。

七、黑土有机质提升原则与措施

1. 黑土有机质提升原则

坚持保护优先、用养结合。针对黑土地长期高强度利用，统筹优化农业结构，推进种养循环、秸秆粪污资源化利用、合理轮作，推广综合治理技术，促进黑土地在利用中保护、在保护中利用。

坚持因地制宜、分类施策。根据东北黑土类型、水热条件、地形地貌、耕作模式等差异，水田、旱地、水浇地等耕地地类，科学分区分类，实施差异化治理。

坚持政策协同、综合治理。结合区域内农田建设、水土保持、水利工程建设等规划，统筹工程与农艺措施，统一设计方案、统一组织实施、统一绩效考核，统筹工程建设、耕地保护、资源养护等不同渠道资金，强化政策协同，实行综合治理。

坚持示范引领、技术支撑。以建设黑土地保护工程标准化示范区为引领，实施集中连片综合治理示范，带动大面积推广。加强技术支撑，建立由科研教育和技术推广单位组成的专家团队，推进治理技术创新，实行包片技术指导。

坚持政府引导、社会参与。坚持黑土保护的公益性、基础性、长期性，发挥政府投入引领作用，以市场化方式带动社会资本投入，引导农村集体经济组织、农户、企业积极参与，形成黑土地保护建设长效机制。（《国家黑土地保护工程实施方案（2021—2025 年）》）

2. 黑土有机质提升措施

实施保护性耕作。优化耕作制度，推广应用少耕免耕秸秆覆盖还田、秸秆碎混翻压还田等不同方式的保护性耕作。在适宜地区重点推广免耕和少耕秸秆覆盖还田技术类型的"梨树模式"，增加秸秆覆盖还田比例。在其余地区改春整地为秋整地，旱地采取在秋季收获后实施秸秆机械粉碎翻压或碎混还田，推广一年深翻两年（或四年）免耕播种的"一翻两免（或四免）"的"龙江模式""中南模式"，黑土层与障碍层梯次混合、秸秆与有机肥改良集成的"阿荣旗模式"，水田采取秋季收获时直接秸秆粉碎翻埋还田，或春季泡田搅浆整地的"三江模式"。

实施有机肥还田。秋季根据当地土壤基础条件和降水量特点，推行深松（深耕）整地，以渐进打破犁底层为原则，疏松深层土壤。利用大中型动力机械，结合秸秆粉碎还田、有机肥抛撒，开展深翻整地。在粪肥丰富的地区建设粪污贮存发酵堆沤设施，以畜禽粪便为主要原料堆沤有机肥并施用。

推行种养结合、粮豆轮作。推进种养结合，按照以种定养、以养促种原则，推进养殖企业、合作社、种植大户与耕地经营者合作，促进畜禽粪肥还田，种养结合用地养地。在适宜地区，以大豆为中轴作物，推进种植业结构调整，维持适当的迎茬比例解决大豆土传病害，加快建立米豆薯、米豆杂、米豆经等轮作制度。

参考文献

黄耀，孙文娟．2006．近 20 年来中国大陆农田表土有机碳含量的变化趋势［J］．科学通报．51：750-763.

刘云慧，宇振荣，张凤荣，等，2005．县域土壤有机质动态变化及其影响因素分析［J］．植物营养与肥料学报，11（3）：294-301.

潘根兴，周萍，张旭辉，等，2006．不同施肥对水稻土作物碳同化与土壤碳固定的影响——以太湖地区黄泥土肥料长期试验为例［J］．生态学报．26：3704-3701.

孙文娟，黄耀，张稳，等，2008．农田土壤固碳潜力研究的关键科学问题［J］．地球科学进展．23：996-1004.

唐光木，徐万里，周勃，等，2013．耕作年限对棉田土壤颗粒及矿物结合态有机碳的影响［J］．水土保持学报．27：237-241.

王世豪，徐新良，黄麟，等，2023．1980S-2010S 东北农田土壤养分时空变化特征［J］．应用生态学报，34（4）：865-875.

吴景贵，姜岩，王明辉，等，1998．非腐解有机物培肥对苏打草甸水稻土腐殖质结合形态的影响［J］．吉林农业大学学报，20（2）：46-50.

徐明岗，于荣，王伯仁，等，2000．土壤活性有机质的研究进展［J］．土壤肥料，6：3-7.

徐明岗，梁国庆，张夫道，等，2006．中国土壤肥力演变［M］．北京：中国农业科学技术出版社．

徐明岗，张文菊，黄绍敏，等，2015. 中国土壤肥力演变 [M]. 2版. 北京：中国农业科学技术出版社.

张焕军，郁红艳，丁维新，等，2013. 土壤碳水化合物的转化与累积研究进展 [J]. 土壤学报，50（6）：1201-1206.

张丽敏，徐明岗，娄翼来，等，2014. 土壤有机碳分组方法概述 [J]. 中国土壤与肥料，4：1-6.

BALDOCK J A, SKJEMSTAD J O, 2000. Role of the soil matrix and minerals in protecting natural organic materials against biological attack [J]. Organic Geochemistry, 31: 697-710.

BANGER K, et al., 2010. Soil organic carbon fractions after 16-years of applications of fertilizers and organic manure in a Typic Rhodalfs in semi-arid tropics [J]. Nutrient Cycling in Agroecosystems, 86: 391-399.

BATIES N H, 1996. Total carbon and nitrogen in the soils of the world [J]. European Journal of Soil Science, 47: 151-163.

BATJES N H, SOMBROEK W G, 1997. Possibilities for carbon sequestration in tropical and subtropical soils [J]. Global Change Biology, 3: 161-173.

BENBI D K, et al., 2015. Sensitivity of labile soil organic carbon pools to long-term fertilizer, straw and manure management in rice-wheat system [J]. Pedosphere, 25: 534-545.

BLANCO-CANQUI H, LAL R, 2004. Mechanisms of carbon sequestration in soil aggregates [J]. Critical Reviews in Plant Sciences, 23: 481-504.

CASTELLANO M J, et al., 2015. Integrating plant litter quality, soil organic matter stabilization and the carbon saturation concept [J]. Global Change Biology: 1-10.

CHAI Y J, et al., 2015. Long-term fertilization effects on soil organic carbon stocks in the irrigated desert soil of NW China [J]. Journal of Plant Nutrition and Soil Science, 178: 622-630.

CONG R H, et al., 2012. Dynamics of soil carbon to nitrogen ratio changes under long-term fertilizer addition in wheat-corn double cropping systems of China [J]. European Journal of Soil Science, 63: 341-350.

FENG W T, et al., 2014. Testing for soil carbon saturation behavior in agricultural soils receiving long-term manure amendments [J]. Canadian Journal of Soil Science, 94: 281-294.

FIERER N, JACKSON R B, 2006. The diversity and biogeography of soil bacterial communities [J]. PNAS, 103 (3): 626-663.

GAMI S K, et al., 2009. Soil organic carbon and nitrogen stocks in Nepal long-term soil fertility experiments [J]. Soil and Tillage Research, 106: 95-103.

HASSINK J, 1997. The capacity of soils to preserve organic C and N by their association with clay and silt particles [J]. Plant and Soil, 191: 77-87.

HUTCHINSON J J, et al., 2007. Some perspectives on carbon sequestration in agriculture [J]. Agricultural and Forest Meteorology, 142: 288-302.

INSAM H, et al., 1989. Influence of macroclimate on soil microbial biomass [J]. Soil Biology and Biochemistry, 21 (2): 211-221.

INSELSBACHER E, et al., 2010. Short-term competition between crop plants and soil microbes for inorganic N fertilizer [J]. Soil Biology and Biochemistry, 42: 360-372.

JANZEN H H, 1987. Soil organic matter characteristics after long-term cropping to various spring wheat rotations [J]. Canadian Journal of Soil Science, 67: 845-856.

JANZEN H H, 2005. Soil carbon: A measure of ecosystem response in a changing world [J]. Canadian Journal of Soil Science, 85: 467-480.

JANZEN H H, et al., 1992. Light-fraction organic matter in soils from long-term crop rotations [J]. Soil Science Society of America Journal, 56: 1799-1806.

JENKINSON D S, 1991. The Rothamsted long term experiments: are they still of use [J]. Agronomy Journal, 83: 2-10.

JENKINSON D S, et al., 1985. Interctions between fertilizer nitrogen and soil nitrogen-the so-called 'priming' effect [J]. Journal of Soil Science, 36: 425-444.

JOBBAGY E G, JACKSON R B, 2000. The vertical distribution of soil organic carbon and its relation to climate and vegetation [J]. Ecological Applications, 10 (2): 423-436.

JOHNSON J M F, et al., 2006. Estimating source carbon from crop residues, roots and rhizodeposits using the national grain-yield database [J]. Agronomy Journal, 98: 622-636.

KUNDU S, et al., 2007. Carbon sequestration and relationship between carbon addition and storage under rainfed soybean-wheat rotation in a sandy loam soil of the Indian Himalayas [J]. Soil and Tillage Research, 92: 87-95.

LAL R, 2004a. Soil carbon sequestration impacts on global climate change and food security [J]. Science, 304: 1623-1627.

LAL R, 2004b. Soil carbon sequestration to mitigate climate change [J]. Geoderma, 123: 1-22.

LAL R, 2013. Soil carbon management and climate change [J]. Carbon Management, 4 (4): 439-462.

LAL R, et al., 2007. Soil carbon sequestration to mitigate climate change and advance food security [J]. Soil Science. 172, 943-956.

LAL R, KIMBLE J M, 2000. Tropical ecosystems and the global carbon cycle [M] // Global Climate Change and Tropical Ecosystems. CRC-Lewis Publishers: 3-32.

LEHMANN J, KLEBER M, 2015. The contentious nature of soil organic matter [J]. Nature, 528: 60-68.

LI C H, et al., 2013. The effects of long-term fertilization on the accumulation of organic carbon in the deep soil profile of an oasis farmland [J]. Plant and Soil, 369: 645-656.

LI J W, et al., 2012. Warming-enhanced preferential microbial mineralization of humified boreal forest soil organic matter: Interpretation of soil profiles along a climate transect using laboratory incubations [J]. Journal of Geophysical Research: 117.

LI J W, et al., 2013. Legacies of native climate regime govern responses of boreal soil microbes to litter stoichiometry and temperature [J]. Soil Biology and Biochemistry, 66: 204-213.

LI Z, LIN X, 1993. Decomposition of plant materials in upland and submerged soils under different climatic conditions [J]. Pedosphere, 3: 89-92.

LIU C, et al., 2014. Effects of straw carbon input on carbon dynamics in agricultural soils: a meta-analysis [J]. Global Change Biology, 20: 1366-1381.

LIU E, et al., 2013. Long-term effect of manure and fertilizer on soil organic carbon pools in dryland farming in northwest China [J]. PLoS One, 8: e56536.

LIU S L, et al., 2014. Differential responses of crop yields and soil organic carbon stock to fertilization and rice straw incorporation in three cropping systems in the subtropics [J]. Agriculture, Ecosystems and Environment, 184: 51-58.

LÜTOZW M V I, et al., 2006. Stabilization of organic matter in temperate soils: mechanisms and their relevance under different soil conditions - a review [J]. European Journal of Soil Science, 57: 426-445.

MAILLARD É, ANGERS D A, 2014. Animal manure application and soil organic carbon stocks: A meta-analysis [J]. Global Change Biology, 20: 666-679.

MAILLARD É, et al., 2015. Carbon accumulates in organo-mineral complexes after long-term liquid dairy manure application [J]. Agriculture, Ecosystems and Environment, 202: 108-119.

MANNING P, et al., 2008. Direct and indirect effects of nitrogen deposition on litter decomposition [J]. Soil Biology and Biochemistry, 40: 688-698.

MCLAUCHLAN K K, 2006. Effects of soil texture on soil carbon and nitrogen dynamics after cessation of agriculture [J]. Geoderma, 136: 289-299.

NAYAK A K, et al., 2012. Long-term effect of different integrated nutrient management on soil organic carbon and its fractions and sustainability of rice-wheat system in Indo Gangetic Plains of India [J]. Field Crops Research, 127: 129-139.

NOBILI M De, et al., 2009. Carbon sequestration in soil. [C] //Nicola S, Xing B S, Huang P M. Biophysico-Chemical Processes Involving Natural Nonliving Organic Matter in Environmental Systems. Chapter, 5: 183-217.

OELBERMANN M, et al., 2004. Carbon sequestration in tropical and temperate agroforestry systems: are view with examples from Costa Rica and southern Canada [J]. Agriculture, Ecosystemsand Environment, 104: 359-377.

PAN G, et al., 2009. The role of soil organic matter in maintaining the productivity and yield stability of cereals in China [J]. Agriculture, Ecosystems and Environment, 129: 344-348.

PERCIVAL H J, et al., 2000. Factors controlling soil carbon levels in new Zealand grasslands: is clay content important [J]. Soil Science Society of America Journal, 64: 1623-1630.

POST W M, et al., 1990. The global carbon cycle [J]. American Scientist, 78: 310-326.

QIN Z C, et al., 2013. Soil organic carbon sequestration potential of cropland in China [J]. Global Biogeochemical Cycle, 27: 711-722.

QIN Z C, HUANG Y, 2010. Quantification of soil organic carbon sequestration potential in cropland: A model approach [J]. Science China-Life Sciences, 53: 868-884.

SCHLESINGER W H, 1997. Biogeochemistry: An Analysis of Global Change [M]. Academic Press.

SILVER W L, MIYA R K, 2001. Global patterns in root decomposition: comparisons of climate and litter quality effects [J]. Oecologia, 129: 407-419.

SISTLA S A, et al., 2013. Long-term warming restructures Arctic tundra without changing net soil carbon storage [J]. Nature, 497: 615-618.

SIX J, et al., 1999. Aggregate and soil organic matter dynamics under conventional and no-tillage systems [J]. Soil Science Society of America Journal, 63: 1350-1358.

SIX J, et al., 2000. Soil macroaggregate turnover and microaggregate formation: a mechanism for C sequestration under no-tillage agriculture [J]. Soil Biology and Biochemistry. 32: 2099-2103.

SIX J, et al., 2002. Stabilization mechanisms of soil organic matter: implications for Csaturation of soils [J]. Plant and Soil, 241: 155-176.

SMITH P, 2004. How long before a change in soil organic carbon can be detected [J]? Global Change Biology, 10: 1878-1883.

SOMBROEK W G, et al., 1993. Amounts, dynamics and sequestering of carbon in tropical and subtropical soils [J]. Ambio, 22: 417-426.

STEWART C E, et al., 2007. Soil carbon saturation: concept, evidence and evaluation [J]. Biogeochemistry, 86: 19-31.

SU Y Z, et al., 2006. Long-term effect of fertilizer and manure application on soil-carbon sequestration and soil fertility under the wheat-wheat-maize cropping system in northwest China [J]. Nutrient Cycling in Agroecosystems, 75: 285-295.

TARNOCAI C, et al., 2009. Soil organic carbon pools in the northern circumpolar permafrost region [J]. Global Biogeochemical Cycles, 23.

TISDALL J M, OADES J M, 1982. Organic matter and water - stable aggregates in soils [J]. Journal of Soil Science. 33: 141-163.

WANG Y D, et al., 2015. 23-year manure and fertilizer application increases soil organic carbon sequestration of a rice - barley cropping system [J]. Biology and Fertility of Soils, 51: 583-591.

WHITBREAD A M, et al., 1998. A survey of the impact of cropping on soil physical and chemical properties in north-western New South Wales [J]. Australian Journal of Soil Research, 36: 669-681.

YAN H M, et al., 2007. Potential and sustainability for carbon sequestration with improved soil management in agricultural soils of China [J]. Agriculture, Ecosystems and Environment, 121: 325-335.

YAN X, et al., 2013. Carbon sequestration efficiency in paddy soil and upland soil under long-term fertilization in southern China [J]. Soil and Tillage Research, 130: 42-51.

YOUNG A, 1997. Agroforestry for soil management [JO/BL]. CAB international.

YU G H, et al., 2017. Mineral availability as a key regulator of soil carbon storage [J]. Environmental Science Technology, 51: 4960-4969.

ZHANG W J, et al., 2010. Soil organic carbon dynamics under long-term fertilizations in arable land of northern China [J]. Biogeosciences, 7: 409-425.

ZHANG W J, et al., 2012. Effects of organic amendments on soil carbon sequestration in paddy fields of subtropical China [J]. Journal of Soils and Sediments, 12: 457-470.

ZHANG W, et al., 2015. Relative contribution of maize and external manure amendment to soil carbon sequestration in a long-term intensive maize cropping system [J]. Scientific Reports, 5: 10791.

ZHEN J F, et al., 2011. Perspectives on studies on soil carbon stocks and the carbon sequestration potential of China [J]. Chinese Science Bulletin, 56: 3748-3758.

ZHOU Z C, et al., 2013. Effects of long-term repeated mineral and organic fertilizer applications on soil organic carbon and total nitrogen in a semi-arid cropland [J]. European Journal of Agronomy, 45: 20-26.

专题 2　土壤铁锰矿物界面的氧化还原化学

一、土壤中的铁锰氧化矿物

1. 土壤中的氧化铁矿物及环境特性

铁是土壤的重要组成部分，其在地表风化成土的过程中从原生矿物中分离出来，在一定条件下形成氧化铁矿物并广泛分布于各类土壤中，形成一系列热力学稳定性不同的矿物，如水铁矿（$Fe_2O_3 \cdot 2FeOOH \cdot 2.5H_2O$）、六方纤铁矿（$\delta-FeOOH$）、纤铁矿（$\gamma-FeOOH$）和针铁矿（$\alpha-FeOOH$）等。铁氧化物矿物大量存在于土壤和沉积物中（王小明等，2011），并因为其分布广、表面可变电荷多、比表面积大且表面活性高的特性，在环境中起到吸附和催化载体的作用，影响很多元素的地球化学循环。而水铁矿作为氧化铁中常见的以弱结晶形态存在氧化铁，以上特性尤为突出（Qafoku et al.，2020）。

几种常见的氧化铁如下。

（1）水铁矿　水铁矿结构分子式为 $Fe_{10}O_{15} \cdot 9H_2O$（李学垣，2001），其广泛分布于水井、湖泊及其沉积物、土壤、矿物、生物体中（Schwertmann and Cornell，1991）及湿润、含有机质和温度较低的环境中。水铁矿性质不稳定，在一定条件可转化为其他结晶度很强的铁氢氧化物，如针铁矿和赤铁矿（Schwertmann and Taylor，1989；Wang et al.，2015a）。从形貌上看水铁矿为一种红棕色球形纳米颗粒（图2-1a），附着在矿物颗粒表面上的阴离子和分子分别以 OH^- 和 H_2O 为代表，且矿物内部 $O:OH^-:H_2O$ 的比值取决于颗粒体积（Vodyanitskii，2010），结构中阴离子排列有序度较低，为水合亚晶质。其具有分布广、粒径小（2~6 nm）、比表面积大

（200～500 m^2/g）、表面活性高、表面带可变电荷和结晶弱等特征（Chukhrov et al.，1973；Childs，1992；Hochella et al.，2005；Hochella et al.，2008；王小明等，2011），故成为一种有效的催化剂和吸附剂。例如，水铁矿可催化 H_2O_2 降解有机污染物（Filip et al.，2007；Liu et al.，2010）和 As（Ⅲ）的氧化（Voegelin and Hug，2003；Bhandari et al.，2011），或通过吸附共沉淀调控（准）重金属（如 As、Pb、Cu 和 Zn）、放射性元素（如 Pu）、微量元素等其他污染物的迁移转化（Raven et al.，1998；Erel and Morgan，2002；Thorbergsdóttir and Gíslason，2004；Hochella et al.，2005；Novikov et al.，2006）。根据 XRD 线条数定义了两种典型水铁矿：2-线水铁矿（2-line ferrihydrite，2LFh）和 6-线水铁矿（6-line ferrihydrite，6LFh）。虽然 2-线水铁矿结构有序度低且仅两个宽峰（图 2-1b），但它是环境中水铁矿存在的主要形式。故近些年来越来越多的研究者开始进行其吸附和催化性质的研究（Qi and Pichler，2016；Cerkez et al.，2015；Lan et al.，2017）。

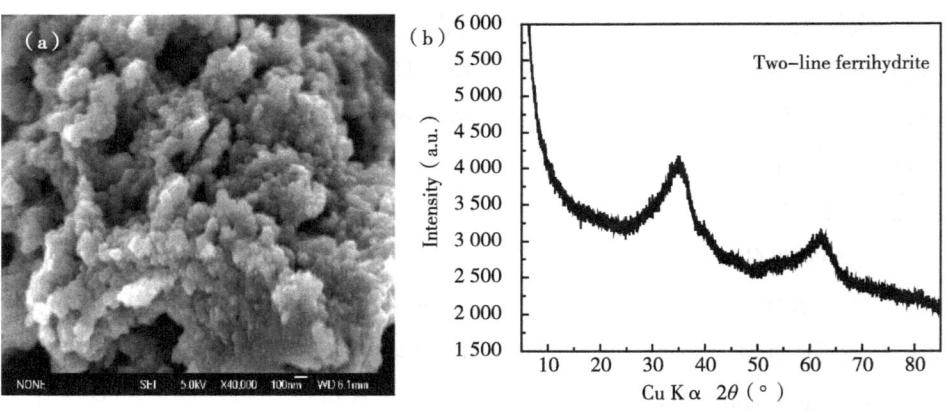

图 2-1　水铁矿的透射电镜图（a）和 XRD 图谱（b）（Vodyanitskii，2010）

（2）纤铁矿　呈橙红色，化学组成为 γ-FeOOH，大部分为扁平晶体状。它主要存在于岩石、土壤、生物群落和铁锈中。纤铁矿通常是 Fe^{2+} 的氧化产物，具有勃姆石（γ-AlOOH）结构（Cornell and Schwertmann，2003），其主要出现在温带有机质含量较高的潮湿土壤中（熊毅，1983；

Krishnamurti，1997）。

（3）**赤铁矿** 呈血红色，其化学组成为 α-Fe_2O_3，是热带、亚热带红壤和棕红壤中主要的氧化铁矿物之一（Cornell and Schwertmann，2003；吴艳丽，2018）。它的晶体属三方晶系，具有刚玉型结构，常呈短柱状、菱块状或厚板状等。赤铁矿中的 FeO_6 八面体组成 2 个平行于（001）面的 FeO_6 八面体层，FeO_6 八面体层沿着［001］方向堆积。在 c 轴方向上 FeO_6 八面体以共面连接；在 a-b 平面上，每个 FeO_6 八面体与 3 个相邻的 FeO_6 八面体以共边的形式结合（Cornell and Schwertmann，2003）。

（4）**磁铁矿** 磁铁矿的化学组分为 γ-Fe_3O_4，是土壤和沉积物中普遍存在的矿物，磁铁矿也被称为黑铁矿、磁性的铁矿氧化物、四氧化三铁，亚铁铁氧体、磁石等（Cornell and Schwertmann，2003）。自然界和合成的磁铁矿普遍呈（1，1，1）面结合而成的八面体晶体或菱形十二面体（图 2-2a；Cornell and Schwertmann，2003）。＜100℃条件下在含水体系合成的矿物会产生较好的粒状（＜0.1 μm）、立方体或八面体晶体（图 2-2a），磁铁矿 XRD 图谱一般如图 2-2b 所示。

磁铁矿是半导体，几乎显示出金属的性质。其价带和导带轨道带隙能为 0.1 eV，小于 5 eV（Cornell and Schwertmann，2003），因此在土壤及其他化学反应中常作为导电体催化反应的进行（Kato et al.，2012）。此外，由于磁铁矿本身同时含有 Fe（Ⅲ）和 Fe（Ⅱ），Fe（Ⅱ）可与 O_2 反应生成氧化性很强的超氧自由基，因此可以氧化还原性物质，如 As（Ⅲ）（Liu et al.，2015），是一种有利于电子传递的催化剂。

（5）**针铁矿** 针铁矿是室温下热力学稳定性最强的铁氧化物之一。此氢氧化物的化学公式是 α-FeOOH，斜方晶系，通常呈黄色、棕黄色，XRD 图谱衍射峰 d 值分别为 0.418 nm 和 0.245 nm，是土壤中最常见的晶质氧化铁（李学垣，2001），尤其普遍存在于热带、亚热带、温带的各类土壤中。人工合成及矿床中的针铁矿形貌为针状，平均晶粒大小（MCD）：20 nm × 200 nm，土壤中的则呈片状或粒状，比表面积为 80~120 m^2/g，分布较广（李学垣，2001）。针铁矿也是一种半导体矿物，其带隙能为 2.1 eV，其导电性在室温下相对较弱［10^{-9}/（Ω·cm）］，当温度升高到 140℃时导电性可能会有所增强（Kaneko and Inouye，1974）。因此，其也经常被作为催化剂和吸附剂（Weng

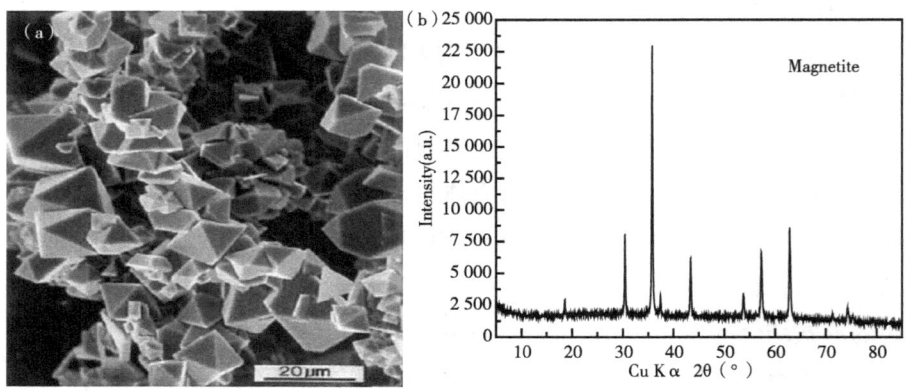

250℃条件下 0.4 mol/L 三乙醇胺、2.4 mol/L NaOH 和 0.85 mol/L N_2H_4

加入 0.01M $Fe_2(SO_4)_3$ 溶液的产物

图 2-2　八面体晶体磁铁矿（a）（Sapieszko and Matijevic，1980）及磁铁矿 XRD 衍射峰图谱（b）

et al.，2008；熊慧欣和周立祥，2008；Ma et al.，2020）。

2. 土壤中的氧化锰矿物及环境特性

世界土壤中锰（Mn）的含量从痕迹至 10 000 mg/kg，平均值约为 850 mg/kg（王云等，1995）。而在我国的农业土壤中，锰的含量为 10～9 478 mg/kg，平均值约为 710 mg/kg，略微较低。由于锰自身强烈的亲氧性，其在自然界中主要形成氧化物和含氧酸盐矿物。土壤氧化锰及氢氧化锰矿物既是动植物锰元素的重要来源（Keen et al.，1994；Aschner et al.，2009；井明艳等，2004；苏斌等，2008），又是土壤中重要的氧化还原主体、化学反应催化剂、吸附载体及环境信息载体（Sun et al.，1999；Kim et al.，2002；Wang et al.，2012；Zhang et al.，2023），锰元素同时也是矿区和水环境中较常见的污染物质（Liao et al.，2007；Bouchard et al.，2011；Keen and Zidenberg-Cherr，1994），世界卫生组织也将 Mn 浓度 < 50 μg/L 作为饮用水的最低标准（WHO，2013），故它的资源和环境属性日益受到关注。

在自然环境中，锰主要以 Mn（Ⅱ）、Mn（Ⅲ）和 Mn（Ⅳ）这三种价态存在，尤其是以锰（氢）氧化物形态存在的锰最多（Tebo et al.，2004；2007）。其中，可溶性的 Mn（Ⅱ）作为生物地球化学循环过程中关键的微量元素，在低 pH 值和低氧化还原电势（Eh）下可稳定存在，另外由于一些有机物的还原势能的存在（Sunda et al., 1983；Stone and Morgan, 1984）或其自身低迷缓慢的氧化动力学（Diem and Stumm, 1984），其也可能会存在于一些可能发生氧化的环境中。在高 pH 值和高 Eh 环境下，锰主要以 Mn（Ⅲ）或 Mn（Ⅳ）的形式存在（Tebo et al., 2010；Lan et al., 2019）。Mn（Ⅲ）在热力学上并不稳定，会发生歧化反应生成 Mn（Ⅱ）和 Mn（Ⅳ）（Grangeon et al., 2014），故只存在于可溶性有机复合物或一些矿物质中（Klewicki et al., 1999；Lanson et al., 2000；Parker et al., 2004）。Mn（Ⅲ）可以被焦磷酸捕获，生成稳定的 Mn（Ⅲ）-PP 复合物（Sun et al., 2015），故常被用来鉴定 Mn（Ⅲ）的生成。但是近些年越来越多的研究表明，在一定条件下尤其是低氧环境中，即便是没有有机络合物存在，Mn（Ⅲ）也可在上清液中以溶解态稳定存在（Trouwborst et al., 2006；Madison et al., 2013）。自由的 Mn（Ⅲ）离子往往作为短暂瞬时存在的反应中间体，具有很强的氧化性（Johnson et al., 2006；Keiluweit et al., 2015；Sun et al., 2015；Lan et al., 2018），对有机物等污染物的降解起到一定的作用（Hu et al., 2017；Sun et al., 2015）。但是因为 Mn（Ⅲ）在中性或碱性环境下溶解度极低（Junta and Hochella, 1994），所以在自然环境中主要以（氢）氧化锰形式存在，如水锰矿（γ-MnOOH）或六方水锰矿（β-MnOOH）等。尤其是在其他矿物表面存在时，Mn（Ⅲ）矿物经常以氢氧化物或水合相稳定存在（Junta and Hochella, 1994）。而 Mn（Ⅳ）一般以不溶的氧化物、氢氧化物等形式存在，如水钠锰矿（δ-MnO$_2$）或拉锰矿（γ-MnO$_2$）。土壤中几种常见的锰（氢）氧化物见表 2-1（冯雄汉, 2003）。

环境中的（氢）氧化锰主要来源于 Mn（Ⅱ）氧化，它们作为源头和有效锰的汇聚体，影响一系列的生物过程，如光合作用、有效碳的固定、活性氧离子（reactive oxygen species, ROS）的去除。另外，锰矿物作为部分细菌呼吸的最终电子受体（Tebo et al., 2005；Nealson and Saffarini, 1994），可进一步影响细菌的活性和细菌参与下的各种地球化学反应，尤其是在多种有机化合物富存的环境中，如有机酸、脂肪酸和环境中的芳香烃大量存在时（Lovley, 2000）。此外，由于环境中的锰矿物可能具有的比表面积大、表面负电荷量高、电荷零点（PZC）低或表面反应活性强等特性，其一方面可直接吸附、去除、固定和改变环境中的过渡、污染金属元素（如 Ni、Zn、Cu、Co、Mn、Pb、Cd 和 As 等）（Goldberg，1954；Jenne，1968；Post，1999；Manning et al.，2002；Yin et al.，2011；Wang et al.，2012；Zhang et al.，2014）和含氧酸阴离子（如 W、Mo、V、Sb 和 Te）（Baturin，1990；Müller et al.，2002；Kuhn et al.，2003；Tani et al.，2004）；另一方面可作为强氧化剂直接氧化还原性重（准）金属［如 As（Ⅲ）、Cr（Ⅲ）、U（Ⅳ）、Ce（Ⅲ）、Pu（Ⅳ）等］（Takahashi et al.，2000；Mckenzie，1980；Post，1999；Yin et al.，2015；Kim et al.，2002；Zhang et al.，2023）、过渡金属（Loganathan et al.，1977）和有机污染物（如不可被生物直接分解利用的腐殖质）（Sunda and Kieber，1994），从而进一步控制污染物的迁移转化。

表 2-1　土壤中可能存在的（氢）氧化锰矿物类型

矿物英文名称	中文名称[1]	简名	常见电镜形貌	土壤中存在的可能性[2]
高价氧化锰［Mn（Ⅳ）］				
Birnessite	水钠锰矿	$\delta\text{-}MnO_2$	无规则片状或板状[3]	常见
Buserite	布塞尔矿[4]	MnO_2	无规则片状或板状[5]	少见
Nsutite	六方锰矿	$\gamma\text{-}Mn(Ⅳ,Ⅲ)(O,OH)_2$	梭形[6]	少见
低价氧化锰矿物				
Manganite	水锰矿	$\gamma\text{-}MnOOH$	长条带状或纤维状[7]	少见
Hausmannite	黑锰矿	Mn_3O_4	立方体颗粒[8]	少见
Feitknechtite	六方水锰矿	$\beta\text{-}MnOOH$	纤维状或六方片状[9]	少见
Groutite	斜方水锰矿	$\alpha\text{-}MnOOH$	纤维状	少见

[1]以《英汉矿物种名称》为准（新矿物及矿物命名委员会，1984），[2]引自 Gilkes，1988，[3)5)]引自 Tu et al.，1994；Wang et al.，2015b，[4]引自郭世勤和孙文泓等，1992，[6]引自 Tu et al.，1994，[7]引自 Tu et al.，1994；Wang et al.，2015b，[8]引自 Portehault et al. 2009ab；Wang et al.，2015b，[9]引自 Peng and Ichinose，2011；Ren et al.，2008。

二、铁锰氧化物在氧化还原反应中的作用

矿物—水溶液界面的各种反应离子的氧化还原行为归根结底是电子供

体（还原剂）和电子受体（氧化剂）之间的电子传递。反应吉普斯自由能决定着一个反应是否能在给定的条件下自发进行，然而，对于一个热力学上有利的化学反应（$\Delta G < 0$），其进行的显著度依赖于电子供体和电子受体之间电子传递的动力学（Schoonen and Strongin，2005）。许多金属氧化物可以固定含水的金属，因为它们拥有吸收重金属的理想的结构位点（Burns and Burns，1977；Manceau and Combes，1988），其表面对 Mn（Ⅱ）氧化的催化作用最宏观的表现为对吸附剂的积累和反应活性能的降低（Schoonen and Strongin，2005）。从微观方面来说，矿物催化促进表面氧化沉淀的过程和机理主要可能有以下几方面。

1. 氧化剂

首先作为含有变价元素的氧化矿物，铁锰氧化物自身可接受电子，参与不同的氧化还原反应。此时，矿物和表面吸附剂之间会进行电子传递，即在没有其他氧化剂存在的条件下矿物直接氧化吸附在其表面的离子，如厌氧条件下 MnO_2 可直接氧化 As（Ⅲ）、Cr（Ⅲ）、Mn（Ⅱ）等离子（Fendorf and Zasocki，1992；Lefkowitz et al.，2013；Gude et al.，2017）。在此反应过程中，矿物载体直接作为电子受体接受来自吸附在其表面的还原性离子的电子，故矿物本身内部的离子价态在反应的过程中也发生了变化，矿物载体实际上起到氧化剂的作用（Lefkowitz et al.，2013；Gude et al.，2017；Zhang et al.，2023）。此外，在一定条件下，水铁矿、针铁矿可以直接氧化 As（Ⅲ）（Bhandari et al.，2011；2012），但是需要一些外部条件，如光照、Fe（Ⅱ）离子的催化。矿物载体表面吸附离子与矿物本身内部离子之间的电子传递的实现是氧化形成的关键性因素。在这个氧化过程中，电子从矿物传递到吸附剂或从吸附剂传递到矿物会引起矿物氧化态的变化，从而影响矿物的溶解。

2. 光照条件下矿物体系对界面氧化还原反应的影响

很多金属氧化物，尤其是具有变价元素的金属氧化物在光照条件下都可释放金属离子（Me^{n+}）（Sherman，2005；Bhandari et al.，2011；2012；Huang et al.，2020），其在 O_2 的参与下会产生类芬顿反应，产生具有强氧化性的超氧自由基（如 H_2O_2 或 ·OH）等氧化剂，从而对矿物表面和溶液中的还原剂起到氧化的作用（Bhandari et al.，2012；Huang et al.，2020），表现为界面的光化学作用。当氧化铁和氧气共存时，在还原细菌或有机质等可使矿物还原溶解的物质的作用下，被释放的活性铁相可直接通过促进·OH的产生影响土壤的氧化还原过程（Chen et al.，2021）。而相较于无光环境，光照尤其会激发氧化铁矿物内部 Fe（Ⅲ）和 Fe（Ⅱ）之间的电子传递过程，进而通过芬顿反应生成具有极强氧化活性的 ROS。

一方面，对于铁锰（氢）氧化物这类半导体矿物来说，光照可以改变矿物本身的电化学结构（Sherman，2005），如使矿物 Femi 能水平发生变化，从而引起其带隙能变化，进而改变吸附离子与半导体矿物之间的电子传递，即氧化还原反应。此外，光对矿物表面 O^- 的照射还能产生过氧化物，进而氧化还原性物质（Sherman，2005）。如光照条件下，MnO_2 中 Mn 的还原和表面 H_2O 或 OH^- 的空穴捕获耦合可产生具有氧化性的自由基（Marafatto et al.，2015）。另一方面，一定可见光照射下，矿物表面等离子相应诱导会产生电子空穴对（Gilbert et al.，2013；向全军，2012），然后电子在激发下可转移到矿物的导带，进而与溶液中的分子氧或表面吸附的水分子或氢氧根离子发生化学反应形成超氧自由基 O_2^- 和·OH 自由基，随后又经过一定反应生成 HOO·自由基、H_2O_2 和·OH 自由基等（向全军，2012），从而具有强氧化性，影响共存物质的氧化还原（Sunda et al.，1983；Boxi and Paria，2015；Huang et al.，2020）。但是此反应需要矿物具有（半）导体特性或具有光催化活性。

3. Fe（Ⅱ）存在体系矿物促进界面离子的氧化还原反应

Fe（Ⅱ）存在于缺氧的环境中，与 Fe 的氧化还原态循环和全球重要元素的循环紧密相关，Fe（Ⅱ）的存在会加快铁锰矿物催化某些离子发生氧化的速率和程度，从而影响其化学形态及迁移、转化和地球化学行为。Amstaetter et al.（2010）指出尽管热力学可行，单纯的针铁矿不能氧化 As（Ⅲ），但 Fe（Ⅱ）的存在可促进其快速氧化形成 As（Ⅴ），原因可能是 Fe（Ⅱ）吸附于针铁矿表面形成针铁矿-Fe（Ⅱ）-As（Ⅲ）三元络合物，络合后电子由 Fe（Ⅱ）进入针铁矿形成活跃的 Fe（Ⅲ）中间物质将 As（Ⅲ）氧化为 As（Ⅴ），同时自身又重新转化为 Fe（Ⅱ）（Amstaetter et al.，2010；Lan et al.，2017）（图 2-3①，界面催化途径Ⅰ）。另外，当 Fe

(Ⅱ) 和 O_2 同时存在时，产生的类芬顿反应极易生成羟基自由基等其他高氧化剂种类，如 H_2O_2 和 O_2^-·等，从而促进 As (Ⅲ) 氧化 (Ona-Nguema et al., 2010)。而 Hug 和 Leupin 在 2003 年提出高 pH 值时 Fe (Ⅱ) 在光照条件下还可形成瞬时中间产物 Fe (Ⅳ)，其氧化性很强，可氧化 As (Ⅲ)。但是 Fe (Ⅱ) 并非只能促进 As (Ⅲ) 氧化，也不是只能促进氧化反应，Fe (Ⅱ) 还可以促进微量元素、无机物、放射性金属、农药、过渡金属、氯化溶剂及有机质的氧化还原和降解等反应 (White and Peterson, 1996; Hofstetter et al., 1999; Amonette et al., 2000; Strathmann and Stone, 2003; Amstaetter et al., 2010; Latta et al., 2012; Kleber et al., 2021)。

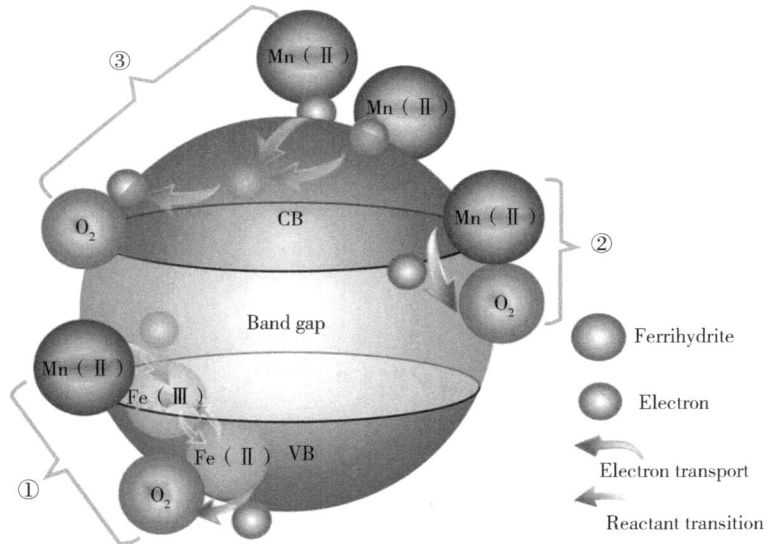

①电子通过界面氧化还原电对 Fe (Ⅱ) /Fe (Ⅲ) 在 Mn (Ⅱ) 和 O_2 之间进行传递（界面催化途径Ⅰ，通过 Mn (Ⅱ) -Fe (Ⅱ, Ⅲ) -O_2 络合的电子传递）；②电子在水铁矿表面相互接触的络合 Mn (Ⅱ) 和络合 O_2 之间直接的电子传递（界面催化途径Ⅱ，通过 Mn (Ⅱ) -O_2 络合物的电子传递）；③电子通过矿物导带在即使不相互接触的络合 Mn (Ⅱ) 和络合 O_2 之间进行电子传递（电化学催化途径，通过矿物表面络合 Mn (Ⅱ) -导带$_{水铁矿}$-络合 O_2 的电子传递）

图 2-3　Mn (Ⅱ) 在水铁矿表面氧化过程机理图（彩图见文后彩插）

4. 矿物通过界面作用催化离子氧化

铁锰氧化物作为矿物还会仅仅充当界面载体的作用促进聚集在其表面的反应剂发生氧化还原反应。此催化机制在矿物表面催化 Mn（Ⅱ）氧化的过程中已经被报道过多次。在 pH 值小于 8.5 的条件下，Mn（Ⅱ）和氧化剂（如 O_2）在矿物表面的吸附在促进 Mn（Ⅱ）的氧化中起着重要的作用，为其氧化提供了反应需要的络合或交换配位体（Davies and Morgan, 1989; Junta and Hochella, 1994; Alvarez et al., 2005; Lan et al., 2017）。络合会增大两个吸附剂的局部浓度和接触，比如，通过形成可以传递电子的络合键，从而诱导促进电子传递的发生，为 Mn（Ⅱ）的初始氧化及反应提供环境和便利的条件，对其反应起到一定的催化作用。界面反应（Davies and Morgan, 1989; Wang et al., 2015b）见反应式 2-1 至反应式 2-4。

$$\begin{matrix} Fe-OH \\ Fe-OH \end{matrix} + Mn(Ⅱ) \leftrightarrow \begin{matrix} Fe-O \\ Fe-O \end{matrix} \!\!\!\!> Mn(Ⅱ) + 2H^+ \quad \text{吸附—金属配位体} \quad (2-1)$$

$$\begin{matrix} Fe-O \\ Fe-O \end{matrix} \!\!\!\!> Mn(Ⅱ) + O_2 \leftrightarrow \begin{matrix} Fe-O \\ Fe-O \end{matrix} \!\!\!\!> Mn(Ⅱ)-O_2 \quad \text{络合-Mn（Ⅱ）-}O_2 \text{配位体} \quad (2-2)$$

$$\begin{matrix} Fe-O \\ Fe-O \end{matrix} \!\!\!\!> Mn(Ⅱ)-O_2 \leftrightarrow \begin{matrix} Fe-O \\ Fe-O \end{matrix} \!\!\!\!> Mn(Ⅲ)-O_2^- \cdot \quad \text{电子转移-Mn（Ⅲ）-超氧配位体} \quad (2-3)$$

$$\begin{matrix} Fe-O \\ Fe-O \end{matrix} \!\!\!\!> Mn(Ⅲ)-O_2^- \cdot \leftrightarrow \quad \text{沉淀锰矿产物} \quad (2-4)$$

因此，Mn（Ⅱ）和 O_2 在水铁矿表面的吸附和络合在 Mn（Ⅱ）氧化中起着决定性的作用，氧化反应发生的过程为：Mn（Ⅱ）和 O_2 在矿物表面同一位点或相邻位点的吸附（式 2-1）和（式 2-2）→络合配位体及电子转移超氧配位体的形成（式 2-2）和（式 2-3）→电子转移及锰（氢）氧化物的形成（式 2-3）和（式 2-4）。

在此 Mn（Ⅱ）氧化过程中，矿物起到提供反应平台和诱导反应开始的作用，本身可能不会发生价态的变化和矿物的溶解，且同一位点或邻位点吸附和配位体的形成是反应的限制因素，如氧化矿物的表面可以为 Mn（Ⅱ）和 O_2 提供吸附位点，诱导 Mn（Ⅱ）在矿物表面初期吸附氧化过程的开始（Wang et al.，2015b）。Mn（Ⅱ）和 O_2 通过在矿物表面的内圈吸附增大它们在矿物表面的局部浓度，或降低电子在两者之间传递的活性能，从而促进电子在 Mn（Ⅱ）-O_2 络合物之间直接的传递，即通过 Mn（Ⅱ）-O_2 络合物直接的电子传递（图 2-3 ②）（Lan et al.，2017；2019）。

5. 矿物通过电化学催化作用催化离子氧化

此反应机制下反应物在矿物体系氧化的过程中，矿物可以仅仅起到催化剂的作用，如矿物表面 Mn（Ⅱ）氧化的反应中，O_2 最终会氧化矿物体系中的还原态 Mn，成为最终的电子受体（Morgan and Stumm，1964；Gilkes，1988；Lan et al.，2017）。此处主要运用多相催化理论，即气态或液态反应剂与固态催化物在两相界面上所进行的催化反应。其主要过程包括反应剂在催化物表面的吸附，吸附中间物的转化（表面反应）和终产物脱附三个连续步骤（Chernyshova et al.，2011）。

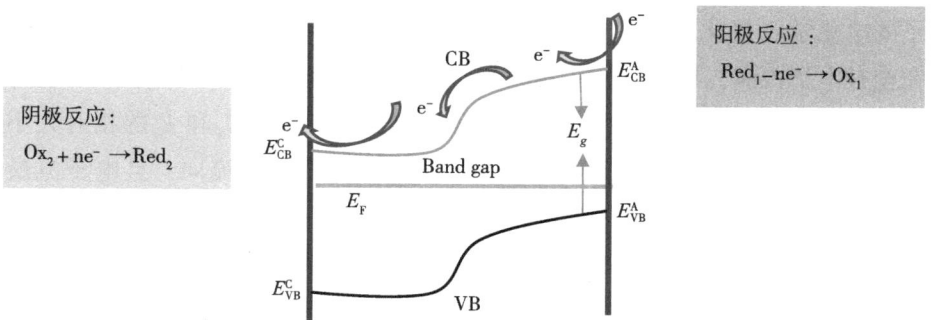

$Ox_2+Red_1 \rightarrow Ox_1+Red_2$；FL=费米能级，VB=价带，CB=导带，$E_{CB}^{A}$=阳极导带边缘能，$E_{VB}^{A}$=阳极价带边缘能，$E_{CB}^{C}$=阴极导带边缘能，$E_{VB}^{C}$=阴极价带边缘能，$E_F$=矿物费米能，Ox：氧化离子；Red：还原离子

图 2-4　电化学氧化还原反应机理概念图（彩图见文后彩插）

矿物表面的氧化还原反应可以看作是表面吸附的特定金属离子与吸附分子之间直接的电子转移，导致吸附金属离子氧化状态的改变。但这样的解释更适合位于绝缘体矿物表面相互接触的反应剂之间的反应，整个过程主要包括吸附剂的吸附、吸附剂之间相互接触及直接的电子传递三个过程，产物的沉淀和聚集通常只发生在特殊的活性位点（Junta and Hochella，1994）。对于导体和半导体矿物的电子转移，可能用电子插入或移出固体中重叠的电子轨道来理解更为合适。电子转移后，多余或缺少的电子会离开催化固体的原位，而不是在表面与特定的金属离子结合（李学垣，2001），故催化矿物只是起到传递电子的作用，其本身氧化状态并不会改变，因此本身并不会随反应的进行而被腐蚀（Schoonen and Strongin，2005；Chernyshova et al.，2011）。

如图2-4所示，固体中重叠的原子轨道形成多级能量水平的"能带"，被价电子占据的轨道为价带（valence band，VB），而第一电子激发态通常未被占据，是固体的导带（conduction band，CB）（李学垣，2001）。导体和半导体往往都具有带隙（band gap）和带隙能 E_g（band gap energy）。带隙是不能接受能量的区域，位于价带和导带之间，它的存在使这些矿物内部不能形成电子流而进行电子传递，因此不能导电，除非受到一定条件（如光照等）的激发（向全军，2012）。在矿物中，Fermi能（E_F）表示电子的电化学（氧化还原）电位，对于绝缘体和半导体而言，因为价带几乎完全被电子占满，导带未被占据，所以Fermi能降低至带隙区。矿物的 E_F 与溶液中氧化还原电对所具有的电子势能（E_s）相似，E_F 和 E_s 的相对大小决定着矿物与溶液中可还原或可氧化的分子之间的电子流向，且电子流最终要达到 E_F 和 E_s 相等的平衡状态。因此，溶液中还原离子（Red_1，电子供体）中的电子是否能通过矿物的导带传递给溶液中的氧化离子（Ox_2，电子受体），取决于矿物表面吸附离子的能量水平与矿物本身Fermi能的大小（Xu and Schoonen，2000；Sherman，2005；Boland et al.，2013）。总体来说，当溶液中供体电对（Red_1/Ox_1）的电化学势能大于矿物本身Fermi能（$E_s > E_F$），电对中（Red_1）的电子便可以通过矿物导带传递给低势能点（如电子受体 Ox_2），从而完成整个氧化还原反应。如研究发现水铁矿可为位于不同晶面的Mn（Ⅱ）和 O_2 提供了一个可实现电子传递的途径，从而显著促进 Mn（Ⅱ）氧化（图 2-3）。尤其对于此类有气相（O_2）参与的氧化还原反应，利用电化学机理来解释反应过程和机理似乎更为合理（Fierro，2005）。

如图 2-4 所示，固体中重叠的原子轨道形成多级能量水平的"能带"，被价电子占据的轨道为价带（VB），第一电子激发态通常未被占据，是固体的导带（CB）。带有变价元素的金属氧化物通常为半导体或导体，一般都具有被不同带隙所分割的导带和价带。在特定环境中，如当电子位于导带或在一定条件激发下，价带电子可从溶液流入固体的导带，从而促进矿物表面氧化还原反应的进行（Sherman，2005；Yang et al.，2010；Boland et al.，2013）。大多数硅酸盐黏土矿物和金属氧化物具有一定的带隙能量，带隙区域位于填充的价带和导带之间（图 2-4），不同的矿物一般具有本身固定的带隙能值（E_g）。一般情况下，带隙的存在使得矿物内部不能形成电子流，因此不能导电。但是，当溶液中的电子势高于导带最小的绝对能（图 2-4：E_{CB}^A）时，电子可以从溶液流向矿物（Sherman，2005；Boland et al.，2013），从而实现矿物表面即便不相互直接接触的两个反应剂之间的氧化还原反应。这也是电化学催化途径和界面催化途径最重要的一个区别点。众所周知，带隙能越小的矿物，越容易导电（Cornell and Schwertmann，2003），因此更能显著促进氧化还原反应的发生。这也解释了为什么具有较小带隙能的磁铁矿和针铁矿具有较小的表面积但却比水铁矿具有更强的催化 Mn（Ⅱ）氧化的能力（Lan et al.，2017；秦张杰等，2022）。

在电化学催化途径下发生的氧化还原过程中，矿物本身只是起到一个电子传递通道的作用，其内部离子的氧化状态并不会改变，因此也不会发生矿物的溶解和转变。此外，电子供体离子和电子受体离子只需要处于吸附状态，并不需要吸附在矿物表面相同或相邻的位点（图 2-3 和图 2-4），因而此过程可以促进即便是在不同矿物晶面吸附的离子之间的氧化还原反应，这是矿物电化学催化途径不同于界面催化途径的最重要的一点，也是电化学途径催化效率较高的原因。

虽然自然环境中许多土壤矿物都是绝缘体，但是带有不同氧化态金属的铁锰氢/氧化矿物常常是半导体或导体（Becker et al.，2001；Lan et al.，2017；Zhang et al.，2023），电子流一定条件下可以通过矿物的导带进行传递，此类矿物固体对可溶性离子的氧化可以认为是电子从溶液向矿物导带的转移。例如，锰（氢）氧化矿物可以将 NO_2^- 氧化为 NO_3^-，而不向溶液释放 Mn（Ⅱ）离子，（氢）氧化物从 NO_2^- 接受电子后又离开了矿物原位，因此没有 Mn（Ⅱ）离子的释放。Chernyshova et al.（2011）通过研究颗粒尺寸对赤铁矿（α-Fe_2O_3）和水铁矿纳米颗粒催化 Mn（Ⅱ）氧化的影响发现，纳米颗粒对其氧化的催化性能随着它们尺寸的减小而降低（Chernyshova et al.，2011），这与传统的界面化学催化机理相违背。他们考虑到纳米诱导 Fe（Ⅲ）（氢）氧化物的电子特性的变化以及系统的热力学性质，通过试验证实 Fe（Ⅲ）（氢）氧化物对 Mn（Ⅱ）氧化的催化作用通过电化学途径进行。另外，Madden 和 Hochella 也早在 2005 年证实了赤铁矿表面催化 Mn（Ⅱ）氧化过程中存在电化学催化过程。

三、影响铁锰界面氧化还原反应的环境因素

铁锰氧化矿物通过催化作用会增强表面反应物质的初始氧化，进而提高其氧化程度和速率。而其他环境因素也会影响此催化氧化过程，主要包括：pH、AQDS、O_2 浓度、温度和离子强度等。

1. pH

pH 影响反应的原因有多方面，可通过影响其固体矿物表面官能团的类型、官能团的反应活性、反应能大小、溶液离子沉淀状态等，从而影响氧化过程和最终产物。如 Mn（Ⅱ）在水铁矿表面催化氧化可能发生的反应如下。

$$3Mn（Ⅱ） + 1/2O_2 + 3H_2O \rightarrow Mn_3O_4 + 6H^+ \tag{2-5}$$

$$Mn（Ⅱ） + 1/4O_2 + 3/2H_2O \rightarrow MnOOH + 2H^+ \tag{2-6}$$

$$Mn（Ⅱ） + 1/2O_2 + H_2O \rightarrow MnO_2 + 2H^+ \tag{2-7}$$

$$Mn_3O_4 + 4H^+ \rightarrow MnO_2 + 2Mn（Ⅱ） + 2H_2O \tag{2-8}$$

$$MnOOH + 1/2O_2 \rightarrow MnO_2 + 1/2H_2O \tag{2-9}$$

$$4Mn(OH)_2 + 3O_2 \rightarrow 4MnOOH + 2H_2O \tag{2-10}$$

一方面，由反应式 2-5、反应式 2-6 和反应式 2-7 可知，Mn（Ⅱ）在水铁矿表面的吸附和催化氧化过程都需要释放 H^+，故较多的 OH^- 会消耗较

多的 H^+，促进反应向右进行，这有利于 Mn（Ⅱ）在氧化物表面沉淀生成 $Mn(OH)_2$，而此沉淀更容易发生氧化生成高价锰矿物（式2-10）。另一方面，pH 值升高，溶液中 $[H^+]$ 减小，与 Mn（Ⅱ）竞争矿物吸附位点的能力大大减弱，从而更有利于其在矿物表面的吸附、氧化和沉淀，从而促进 Mn（Ⅱ）的氧化。

另外，Mn（Ⅱ）在水溶液中存在的主要形态有 3 种：Mn^{2+}、$MnOH^+$ 和 $Mn(OH)_2$ [另外还有 $Mn(OH)_3^-$ 和 $Mn(OH)_4^{2-}$]，它们各自失去一个电子的标准自由能随着 OH^- 的增多而减小（Morgan，2005），即 pH 值越大氧化反应越容易进行。而 Davies 和 Morgan（1989）更以表达式详细描述了 Mn（Ⅱ）氧化与不同环境因素的关系（式2-11）及 Mn（Ⅱ）在氧化铁表面的氧化速率常数与 $[OH^-]$ 的关系（式2-12）：

$$-\frac{d[Mn(Ⅱ)]}{dt} = k \times \frac{\{>SOH\}[Mn(Ⅱ)]}{[H^+]^2} \times A \times pO_2 \quad (2-11)$$

$$k_t = 1.25[OH^-]^{2.56} \quad (2-12)$$

其中，$[H^+]$ 或 $[OH^-]$ 为溶液中 H^+ 或 OH^- 的浓度，$\{>SOH\}$ 为羟基的表面浓度（mol/g），A 为悬液中固体的质量浓度（g/L），pO_2 为氧气浓度（atm）。不难看出 pH 值的增大一定程度可以加快 Mn（Ⅱ）的氧化速率和氧化程度（Davies and Morgan，1989；Wang et al.，2015b）。此外，反应剂在不同 pH 条件下发生反应所需要的反应能可能有差异，也会影响铁锰矿物表面氧化还原发生的难易程度及反应速率（Morgan and Stumm，1964；Diem and Stumm，1984；McKenzie，1972）。

2. AQDS

醌类，天然有机物，是腐殖质中主要的氧化还原活性基团，在天然有机物中为微生物提供大量的分子环境（Scott et al.，1998；Struyk and Sposito，2001；Nurmi and Tratnyek，2002；Aeschbacher et al.，2009），其可充当电子穿梭体的角色促进微生物呼吸作用和污染物的降解（Nevin and Lovley，2002；Rosso et al.，2003）。此外，醌类在微生物和难溶铁氧化物间电子传递中起着重要作用，可不断地从还原物质中接受电子，再把电子给氧化物质，以完成整个氧化还原反应（Nevin and Lovley，2002；Zachara et al.，2011；Orsetti et al.，2013；Lan et al.，2019）。其中，蒽醌-2，6-二磺酸盐（anthraquione-2, 6-disulfonnat，AQDS）是一种常见、常用的电子穿梭体，具有相对较低的半单元势能、高水溶性、快速的氧化还原动力学以及分析的方便性（Nurmi and Tratnyek，2002；Uchimiya and Stone，2006）。很多研究已经证实，AQDS可担任电子穿梭体角色促进电子的传递，如加速Fe（Ⅲ）的还原和Mn（Ⅱ）的氧化（Orsetti et al.，2013；孙丽蓉和曲东，2007；Lan et al.，2019）。其中醌是接受电子的主要部分（Scott et al.，1998；Lovley and Harris，1999；Orsetti et al.，2013）。

以水铁矿为例，AQDS催化Mn（Ⅱ）氧化生成水钠锰矿的途径，如图2-5所示：AQDS和电子传递途径（水铁矿）都存在条件下，溶液或矿物表面吸附的AQDS从吸附于载体表面的Mn（Ⅱ）（或反应中新生成的Mn（Ⅲ））（反应①a）或溶液Mn（Ⅱ）（反应①b）捕获电子，形成了极易失去电子的还原态AQDSH（$AQDS_{red}$）（Zachara et al.，2011；Orsetti et al.，2013）（反应②），而$AQDS_{red}$中的电子活性很强，极易失去并通过水铁矿途径传递给吸附于表面的O_2（反应③a），而其本身失去电子后重新再生为具有捕获电子能力的AQDS（反应③b）。如此循环往复，AQDS促进Mn（Ⅱ）和O_2之间的电子传递，推动氧化反应的进行，不断形成水钠锰矿（反应⑤），而其本身浓度一直处于平衡状态。整个过程中，AQDS只是作为

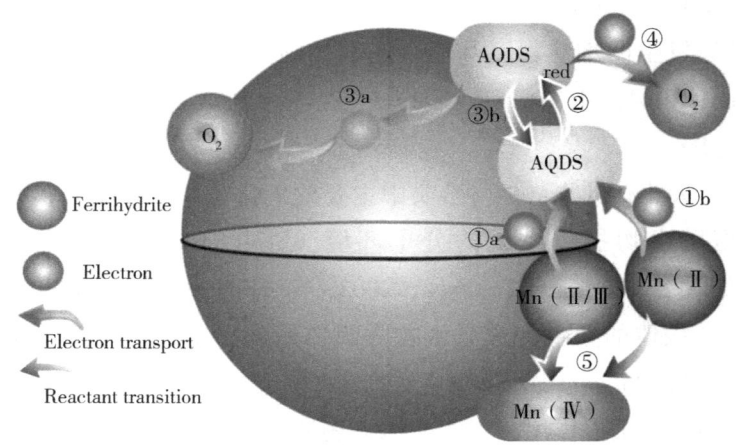

图2-5 AQDS催化Mn（Ⅱ）氧化生成水钠锰矿原理示意图（彩图见文后彩插）

电子穿梭体，浓度无太大变化，是电子传递的媒介。此外，AQDS 通过不断捕获和失去电子而促进 Mn（Ⅱ）和 O_2 之间反应的作用是存在的（反应①b-②-④），但由于缺乏促进 Mn（Ⅱ）和 O_2 之间电子传递的通道（如水铁矿）（Lan et al.，2017），故 Mn（Ⅱ）氧化作用极其微弱，几乎可以忽略不计。

3. 光照

根据矿物的电化学催化机理，在光照条件下，光电子会使 Fermi 能增大，使氧化铁固体矿物的电子更容易受电子攻击，在表面或内部发生电荷转移或电子耦合。另外，光照会激发分子产生电子，降低 O_2 分子与电子的结合能，使氧分子更易结合电子，生成各种羟基等氧化性很强的活性氧离子，增强氧气的氧化能力，也会影响体系的氧化还原反应。如光照条件下，其也可以促进 ROS 的生成，进而影响体系中有机质降解或 As（Ⅲ）氧化等（Bhandari et al.，2012；Huang et al.，2020；Kleber et al.，2021）。

4. 反应剂浓度、温度和离子强度

反应剂浓度可以通过影响初始反应的发生难易程度、反应速率、反应进展方向等影响相关的氧化还原反应（Wang et al.，2015b；兰帅，2017）。

温度则主要通过影响反应活化能从而影响反应过程及最终产物，如温度的增高会增加针铁矿和纤铁矿上 Mn（Ⅱ）的原始吸附量（Davies and Morgan，1989），从而影响反应过程和终产物。Wang et al.（2015b）研究证实温度可以影响 Mn（Ⅱ）的氧化速率，从而影响最终氧化产物的尺寸。

此外，离子强度可大大影响氧化还原速率（Davis and Hayes，1986）。金属离子（如 Mg^{2+} 和 Ca^{2+} 或其他过渡金属）通过竞争可用的表面位点影响反应剂在矿物表面的吸附，进而影响其在矿物表面的初级氧化、还原和沉淀等反应。而配位基离子（HCO_3^-、Cl^-、SO_4^{2-}、羧酸盐、和磷酸盐有机配位基）则通过络合反应影响或竞争表面的吸附位点，从而影响矿物表面的吸附氧化等反应（Davies and Morgan，1989）。

四、总结及展望

铁锰氧化物作为半导体材料，对表面氧化反应的催化途径除了传统的界面催化外，还存在电化学催化途径，且在一定条件下电化学的催化途径非常显著。且相对于界面催化途径来说，电化学催化的效率更高，也更迅速。但是相对于界面催化来说，电化学催化途径的实现需要满足一定的条件，如当溶液中供体电对（Red_1/Ox_1）的电化学势能大于矿物本身 Fermi 能（$E_s > E_F$），电对中（Red_1）的电子便可以通过矿物导带传递给低势能点（如电子受体 Ox_2），从而完成整个氧化还原反应。此外，反应所处的环境因素也会影响此催化氧化过程，如 pH、AQDS、O_2 浓度、温度和离子强度等。未来关于铁锰氧化物界面与氧化还原反应相互作用的研究可聚焦于以下几个方面。

（1）揭示不同环境因素影响铁锰氧化物界面氧化还原反应的内在机制。在了解铁锰氧化物界面氧化还原反应的基础上，定性描述单一环境因素对铁锰氧化物界面氧化还原反应的影响过程及机制，并进一步定量分析不同环境因素对铁锰氧化物界面氧化还原的具体贡献，从而为通过调节不同环境因素调控富含铁锰环境下共存物质的氧化还原行为提供科学依据。

（2）除了非生物氧化还原途径，自然土壤环境中强活性的铁锰氧化物与微生物密切相关，故微生物对铁锰氧化物界面氧化还原反应的影响过程及机制值得探究，不同环境条件下两者各自的贡献和角色也值得探讨。

（3）铁锰氧化物在土壤环境中的形成过程常伴随着不同的金属离子产生，因此金属离子同晶替代铁锰氧化物是自然土壤环境下更为普遍存在的赋存形态，但是在金属离子同晶替代影响下铁锰氧化物界面的氧化还原反应如何变化还未可知，值得深入探讨。

总之，深入理解和阐明铁锰氧化物界面的氧化还原化学反应及影响因素，有助于我们了解、预测和调控富铁锰土壤环境下共存物质的环境行为和归趋。

参考文献

冯雄汉, 2003. 土壤中几种常见氧化锰矿物的合成、转化及表面化学性质 [J]. 武汉: 华中农业大学.

郭世勤, 孙文泓, 1992. 太平洋中部多金属结核矿物学 [M]. 北京: 海洋出版社.

井明艳, 孙建义, 许梓荣, 2004. 锰的生物学功能及有机态锰的应用研究 [J]. 饲料博览,1:7-9.

兰帅,2017. 水铁矿表面催化 Mn(Ⅱ)氧化机制及其对 As(Ⅲ)氧化固定的影响[D]. 武汉:华中农业大学.

李学垣,2001. 土壤化学[M]. 北京:高等教育出版社:47-48.

秦张杰,胡康生,梁丰,等,2022. 不同环境条件下 Mn(Ⅱ)在磁铁矿表面的催化氧化[J]. 江西农业大学学报(4):044.

苏斌,李青仁,李春梅,等,2008. 微量元素锰与人体健康[J]. 世界元素医学,15:17-20.

孙丽蓉,曲东,2007. 电子穿梭物质对异化 Fe(Ⅲ)还原过程的影响[J]. 西北农林科技大学学报(自然科学版),35(4):192-198.

王小明,杨凯光,孙世发,等,2011. 水铁矿的结构、组成及环境地球化学行为[J]. 地学前缘(2):343-351.

王云,魏复盛,杨国治,1995. 土壤环境元素化学[M]. 北京:中国环境科学出版社.

吴艳丽,2018. Co/Al 同晶替代针铁矿、赤铁矿特性的研究[D]. 武汉:华中农业大学.

向全军,2012. 二氧化钛基光催化材料的微结构调控与性能增强[D]. 武汉:武汉理工大学.

熊慧欣,周立祥,2008. 不同晶型羟基氧化铁(FeOOH)的形成及其在吸附去除 Cr(Ⅵ)上的作用[J]. 岩石矿物学杂志,27(6):559-566.

熊毅,1983. 土壤胶体[M]. 北京:科学出版社.

AESCHBACHER M, SANDER M, SCHWARZENBACH R P, 2009. Novel electrochemical approach to assess the redox properties of humic substances [J]. Environmental Science Technology, 44 (1): 87-93.

ALVAREZ M, SILEO E E, RUEDA E H, 2005. Effect of Mn (Ⅱ) incorporation on the transformation of ferrihydrite to goethite [J]. Chemical Geology, 216 (1-2): 89-97.

AMONETTE J E, WORKMAN D J, KENNEDY D W, et al., 2000. Dechlorination of carbon tetrachloride by Fe (Ⅱ) associated with goethite [J]. Environmental Science Technology, 34: 4606-4613.

AMSTAETTER K, BORCH T, LARESE-CASANOVA P, et al., 2010. Redox transformation of arsenic by Fe (Ⅱ) -activated goethite (α-FeOOH) [J]. Environmental Science Technology, 44 (1): 102-108.

ASCHNER M, ERIKSON K M, HERNÁNDEZ E H, et al., 2009. Manganese and its role in Parkinson's disease: from transport to neuropathology [J]. Neuromolecular

Medicine, 11: 252-266.

BATURIN G N, 1990. Geochemistry and origin of ferromanganese nodules [J]. International Geology Review, 32 (9): 916-929.

BECKER U, ROSSO K M, HOCHELLA M F, 2001. The proximity effect on semiconducting mineral surfaces: a new aspect of mineral surface reactivity and surface complexation theory [J]? Geochim Cosmochim Acta, 65 (16): 2641-2649.

BHANDARI N, REEDER R J, STRONGIN D R, 2011. Photoinduced oxidation of arsenite to arsenate on ferrihydrite [J]. Environmental Science Technology, 45 (7): 2783-2789.

BHANDARI N, REEDER R J, STRONGIN D R, 2012. Photoinduced oxidation of arsenite to arsenate in the presence of goethite [J]. Environmental Science Technology, 46 (15): 8044-8051.

BOLANDD D, COLLINS R N, GLOVER C J, WAITE T D, 2013. An in situ quick-EXAFS and redox potential study of the Fe (II) - catalysed transformation of ferrihydrite [J]. Colloids Surf A, 435: 2-8.

BOUCHARD M F, SAUVÉ S, BARBEAU B, et al., 2011. Intellectual impairment in school-age children exposed to manganese from drinking water [J]. Environmental Health Perspectives, 119 (1): 138-143.

BOXI S S, PARIA S, 2015. Visible light induced enhanced photocatalytic degradation of organic pollutants in aqueous media using Ag doped hollow TiO_2 nanospheres [J]. RSC Advances, 5 (47): 37657-37668.

BURNS R G, BURNS V M, 1977. Mineralogy. In: Glasby GP ed. marine manganese deposits [M]. Amsterdam: Elsevier Scientific Publishing Co: 185-248.

CERKEZ E B, BHANDARI N, REEDER R J, et al., 2015. Coupled redox transformation of chromate and arsenite on ferrihydrite [J]. Environmental Science Technology, 49 (5): 2858-2866.

CHEN N, FU Q, WU T, et al., 2021a. Active iron phases regulate the abiotic transformation of organic carbon during redox fluctuation cycles of paddy soil [J]. Environmental Science Technology, 55 (20): 14281-14293.

CHERNYSHOVA I V, PONNURANGAM S, SOMASUNDARAN P, 2011. Effect of nanosize on catalytic properties of ferric (hydr) oxides in water: Mechanistic insights [J]. J. Catal, 282 (1): 25-34.

CHILDS C W, 1992. Ferrihydrite: A review of structure, properties and occurrence in relation to soils [J]. Zeitschrift für Pflanzenernährung und Bodenkunde, 155 (5): 441-448.

CHUKHROV F V, 1973. On mineralogical and geochemical criteria in the genesis of red beds [J]. Chemical Geology, 12 (1): 67-75.

CORNELL R M, SCHWERTMANN U, 2003. The iron oxides: structure, properties, reactions, occurrences and uses [M]. John Wiley Sons.

DAVIES S H R, MORGAN J J, 1989. Manganese (Ⅱ) oxidation kinetics on metal oxide surfaces [J]. The Journal of Colloid and Interface Science, 129 (1): 63-77.

DAVIS J A, HAYES K F, 1986. Geochemical processes at mineral surfaces [M]. Washinton D C: American Chemical Society.

DIEM D, STUMM W, 1984. Is dissolved Mn^{2+} being oxidized by O_2 in absence of Mn-bacteria or surface catalysts [J]. Geochimica et Cosmochimica Acta, 48 (7): 1571-1573.

EREL Y, MORGAN J J, 1992. The relationships between rock-derived lead and iron in natural waters [J]. Geochimica et Cosmochimica Acta, 56 (12): 4157-4167.

FENDORF S E, ZASOSKI R J, 1992. Chromium (Ⅲ) oxidation by $\delta-MnO_2$. I: Characterization Characterization [J]. Environmental Science Technology, 26 (1): 79-85.

FIERRO J L G, 2005. Metal oxides: chemistry and applications [M]. CRC press.

FILIP J, ZBORIL R, SCHNEEWEISS O, et al., 2007. Environmental applications of chemically pure natural ferrihydrite [J]. Environmental Science Technology, 41 (12): 4367-4374.

GILBERT B, KATZ J E, HUSE N, et al., 2013. Ultrafast electron and energy transfer in dye-sensitized iron oxide and oxyhydroxide nanoparticles [J]. Physical Chemistry Chemical Physics (PCCP), 15 (40): 17303-17313.

GILKES R J, 1988. Geochemistry and mineralogy of manganese in soils. In: Graham R D, Hannam K J eds., Manganese in Soils and Plants [M]. Netherlands: Kluwer Academic Publishers: 23-35.

GOLDBERG E D, 1954. Marine geochemistry 1. Chemical scavengers of the sea [J]. The Journal of Geology, 62 (3): 249-265.

GRANGEON S, LANSON B, LANSON M, 2014. Solid-state transformation of nanocrystalline phyllomanganate into tectomanganate: influence of initial layer and interlayer structure [J]. Acta Crystallogr Sect B: Struct. Sci, Crystal Engineering and Materials, 70 (5): 828-838.

GUDE J C J, RIETVELD L C, VAN HALEM D, 2017. As (Ⅲ) oxidation by MnO_2 during groundwater treatment [J]. Water Research, 111: 41-51.

HOCHELLA M F, KASAMA T, PUTNIS A, et al., 2005. Environmentally important, poorly crystalline Fe/Mn hydrous oxides: Ferrihydrite and a possibly new vernadite-like mineral from the Clark Fork River Superfund Complex [J]. American Mineralogist, 90 (4): 718-724.

HOCHELLA M F, LOWER S K, MAURICE P A, et al., 2008. Nanominerals, mineral nanoparticles, and earth systems [J]. Science, 319 (5870): 1631-1635.

HOFSTETTER T B, HEIJMAN C G, HADERLEIN S B, et al., 1999. Complete reduction of TNT and other (poly) nitroaromatic compounds under iron-reducing subsurface conditions [J]. Environmental Science Technology, 33: 1479-1487.

HU E, ZHANG Y, WU S, et al., 2017. Role of dissolved Mn (Ⅲ) in transformation of organic contaminants: Non - oxidative versus oxidative mechanisms [J]. Water Research, 111: 234-243.

HUANG X, ZHAO Q, YOUNG R P, et al., 2020. Photo-production of reactive oxygen species and degradation of dissolved organic matter by hematite nanoplates functionalized by adsorbed oxalate [J]. Environmental Science: Nano, 7 (8): 2278-2292.

JENNE E A, 1968. Controls on Mn, Fe, Co, Ni, Cu, and Zn concentrations in soils and water: the significant role of hydrous Mn and Fe oxides.

JOHNSON K S, 2006. Manganese redox chemistry revisited [J]. Science, 313 (5795): 1896-1897.

JUNTA J L, HOCHELLA M F, 1994. Manganese (Ⅱ) oxidation at mineral surfaces: A microscopic and spectroscopic study [J]. Geochimica et Cosmochimica Acta, 58 (22): 4985-4999.

KANEKO K, INOUYE K, 1974. Electrical properties of ferric oxyhydroxides [J]. The Chemical Society of Japan, 47 (5): 1139-1142.

KATO S, HASHIMOTO K, WATANABE K, 2012. Methanogenesis facilitated by electric syntrophy via (semi) conductive iron-oxide minerals [J]. Environmental Mircrobiology, 14 (7): 1646-1654.

KEEN C L, ZIDENBERG-CHERR S, LONNERDAL B, 1994. Nutritional and toxicological aspects of manganese intake: an overview [J]. Risk Assessment of Essential Elements: 221-235.

KEILUWEIT M, NICO P, HARMON M E, et al., 2015. Long-term litter decomposition controlled by manganese redox cycling [J]. PNAS, 112 (38): E5253-E5260.

KIM J G, DIXON J B, CHUSUEI C C, et al., 2002. Oxidation of chromium (Ⅲ) to (Ⅵ) by manganese oxides [J]. Soil Science Society of America Journal, 66 (1): 306-315.

KLEBER M, BOURG I C, COWARD E K, et al., 2021. Dynamic interactions at the mineral-organic matter interface [J]. Nature Reviews Earth & Environment, 2 (6): 402-421.

KLEWICKI J K, MORGAN J J, 1999. Dissolution of β-MnOOH particles by ligands: pyrophosphate, ethylenediaminetetraacetate, and citrate [J]. Geochimica et Cosmochimica Acta, 63 (19): 3017-3024.

KRISHNAMURTI G S R, 1997. Soil componnets with variable charge with special reference to iron oxides [M]. Napoli-Via P. Sura, Stampato presso.

KUHN T, BOSTICK B C, KOSCHINSKY A, et al., 2003. Enrichment of Mo in hydrothermal Mn precipitates: possible Mo sources, formation process and phase associations [J]. Chemical Geology, 199 (1): 29-43.

LAN S, WANG X, XIANG Q, et al., 2017. Mechanisms of Mn (Ⅱ) catalytic oxidation on ferrihydrite surfaces and the formation of manganese (oxyhydr) oxides [J]. Geochimica et Cosmochimica Acta, 211: 79-96.

LAN S, WANG X, YANG P, et al., 2019. The catalytic effect of AQDS as an electron shuttle on Mn (Ⅱ) oxidation to birnessite on ferrihydrite at circumneutral pH [J]. Geochimica et Cosmochimica Acta, 247: 175-190.

LAN S, YING H, WANG X, et al., 2018. Efficient catalytic As (Ⅲ) oxidation on the surface of ferrihydrite in the presence of aqueous Mn (Ⅱ) [J]. Water Research, 128: 92-101.

LANSON B, DRITS V A, SILVESTER E, et al., 2000. Structure of H-exchanged hexagonal birnessite and its mechanism of formation from Na-rich monoclinic buserite at low pH [J]. American Mineralogist, 85: 826-838.

LATTA D E, GORSKI C A, BOYANOV M I, et al., 2012. Influence of Magnetite Stoichiometry on UVI Reduction [J]. Environmental Science Technology, 46: 778-786.

LEFKOWITZ J P, ROUFF A A, ELZINGA E J, 2013. Influence of pH on the reductive transformation of birnessite by aqueous Mn (Ⅱ) [J]. Environmental Science Technology, 47 (18): 10364-10371.

LIAO S, WANG J, ZHU D, et al., 2007. Structure and Mn (Ⅱ) adsorption properties of boron-doped goethite [J]. Applied Clay Science, 38 (1): 43-50.

LIU C H, CHUANG Y H, CHEN T Y, et al., 2015. Mechanism of arsenic adsorption on magnetite nanoparticles from water: thermodynamic and spectroscopic studies [J]. Environmental Science Technology, 49 (13): 7726-7734.

LIU H, WANG Y, MA Y, et al., 2010. The microstructure of ferrihydrite and its catalytic reactivity [J]. Chemosphere, 79 (8): 802-806.

LOGANATHAN P, BURAU R G, FUERSTENAU D W, 1977. Influence of pH on the sorption of Co^{2+}, Zn^{2+} and Ca^{2+} by a hydrous manganese oxide [J]. Soil Science Society of America Journal, 41 (1): 57-62.

LOVLEY D R, 2000. Fe (Ⅲ) and Mn (Ⅳ) reduction//Environmental microbe-metal interactions [J]. American Society of Microbiology: 3-30.

LOVLEY D R, BLUNT-HARRIS E L, 1999. Role of humic-bound iron as an electron transfer agent in dissimilatory Fe (Ⅲ) reduction [J]. Applied and Environmental Microbiology, 65 (9): 4252-4254.

MA D, WU J, YANG P, et al., 2020. Coupled manganese redox cycling and organic carbon degradation on mineral surfaces [J]. Environmental Science Technology, 54 (14): 8801-8810.

MADDEN A S, HOCHELLA M F, 2005. A test of geochemical reactivity as a function of mineral size: Manganese oxidation promoted by hematite nanoparticles [J]. Geochimica et Cosmochimica Acta, 69 (2): 389-398.

MADISON A S, TEBO B M, MUCCI A, et al., 2013. Abundant porewater Mn (Ⅲ) is a major component of the sedimentary redox system [J]. Science, 341 (6148): 875-878.

MANNING B A, FENDORF S E, BOSTICK B, et al., 2002. Arsenic (Ⅲ) oxidation and arsenic (Ⅴ) adsorption reactions on synthetic birnessite [J]. Environmental Science Technology, 36 (5): 976-981.

MARAFATTO F F, STRADER M L, GONZALEZ-HOLGUERA J, et al., 2015. Rate and mechanism of the photoreduction of birnessite (MnO_2) nanosheets [J]. PNAS,

112 (15): 4600-4605.

MCKENZIE R M, 1972. The manganese oxides in soils—A review [J]. Z. Pfl. Bodenk, 131 (3): 221-242.

MCKENZIE R M, 1980. The manganese oxides in soils [M]. In: Varentsov I M, Grasselly G Eds., Geology and Geochemistry of manganese, Vol. 1. Budapest: Hungarian Academy of Science: 259-269.

MORGAN J J, 1964, Stumm W. Colloid - chemical properties of manganese dioxide [J]. J. Colloid. Sci., 19 (4): 347-359.

MORGAN J J, 2005. Kinetics of reaction between O_2 and Mn (II) species in aqueous solutions [J]. Geochimica et Cosmochimica Acta, 69 (1): 35-48.

MÜLLER B, GRANINA L, SCHALLER T, et al., 2002. P, As, Sb, Mo, and other elements in sedimentary Fe/Mn layers of Lake Baikal [J]. Environmental Science Technology, 36 (3): 411-420.

NEALSON K H, SAFFARINI D, 1994. Iron and manganese in anaerobic respiration: environmental significance, physiology, and regulation [J]. Annual Review of Microbiology, 48 (1): 311-343.

NEVIN K P, LOVLEY D R, 2002. Mechanisms for accessing insoluble Fe (III) oxide during dissimilatory Fe (III) reduction by Geothrix fermentans [J]. Applied and Environmental Microbiology, 68 (5): 2294-2299.

NOVIKOV A P, KALMYKOV S N, UTSUNOMIYA S, et al., 2006. Colloid transport of plutonium in the far-field of the Mayak Production Association, Russia [J]. Science, 314 (5799): 638-641.

NURMI J T, TRATNYEK P G, 2002. Electrochemical properties of natural organic matter (NOM), fractions of NOM, and model biogeochemical electron shuttles [J]. Environmental Science Technology, 36 (4): 617-624.

ONA-NGUEMA G, MORIN G, WANG Y, et al., 2010. XANES evidence for rapid arsenic (III) oxidation at magnetite and ferrihydrite surfaces by dissolved O_2 via Fe^{2+}-mediated reactions [J]. Environmental Science Technology, 44 (14): 5416-5422.

ORSETTI S, LASKOV C, HADERLEIN S B, 2013. Electron transfer between iron minerals and quinones: estimating the reduction potential of the Fe (II) -goethite surface from AQDS speciation [J]. Environmental Science Technology, 47 (24): 14161-14168.

PARKER D L, SPOSITO G, TEBO BM, 2004. Manganese (Ⅲ) binding to a pyoverdine siderophore produced by a manganese (Ⅱ) -oxidizing bacterium [J]. Geochimica et Cosmochimica Acta, 68: 4809-4820.

PENG X, ICHINOSE I, 2011. Green - Chemical synthesis of ultrathin β - MnOOH nanofibers for separation membranes [J]. Advanced Functional Materials, 21 (11): 2080-2087.

PORTEHAULT D, CASSAIGNON S, BAUDRIN E, et al., 2009a. Structural and morphological control of manganese oxide nanoparticles upon soft aqueous precipitation through MnO_4^-/Mn^{2+} reaction [J]. Materials Chemistry, 19 (16): 2407-2416.

PORTEHAULT D, CASSAIGNON S, BAUDRIN E, et al., 2009b. Selective heterogeneous oriented attachment of manganese oxide nanorods in water: toward 3D nanoarchitectures [J]. Materials Chemistry, 19 (42): 7947-7954.

POST J E, 1999. Manganese oxide minerals: Crystal structures and economic and environmental significance [J]. PNAS, 96 (7): 3447-3454.

QAFOKU O, KOVARIK L, BOWDEN M E, et al., 2020. Nanoscale observations of Fe (Ⅱ) - induced ferrihydrite transformation [J]. Environmental Science: Nano, 7 (10): 2953-2967.

QI P, PICHLER T, 2016. Competitive Adsorption of As (Ⅲ) and As (Ⅴ) by Ferrihydrite: Equilibrium, Kinetics, and Surface Complexation [J]. Water Air And Soil Pollution, 227 (10): 387.

RAVEN K P, JAIN A, LOEPPERT R H, 1998. Arsenite and arsenate adsorption on ferrihydrite: kinetics, equilibrium, and adsorption envelopes [J]. Environmental Science Technology, 32 (3): 344-349.

REN T Z, YUAN Z Y, HU W, et al., 2008. Single crystal manganese oxide hexagonal plates with regulated mesoporous structures [J]. Microporous Mesoporous Mater, 112 (1): 467-473.

SAPIESZKO R S, MATIJEVIĆ E, 1980. Preparation of well-defined colloidal particles by thermal decomposition of metal chelates. I. Iron oxides [J]. The Journal of Colloid and Interface Science, 74 (2): 405-422.

SCHOONEN M A A, STRONGIN D R, 2005. Catalysis of electron transfer reactions at mineral surfaces [M]. V. H. Grassian (Ed.), Environmental Catalysis, Taylor Fransis Group, Boca Raton, FL: 37-60.

SCHWERTMANN U, CORNELL R M, 1991. Iron oxides in the laboratory: preparation and characterization [M]. John Wiley Sons. Weinheim: Wiley-VCH: 137-138.

SCHWERTMANN U, TAYLOR R M, 1989. Iron oxides [J]. Minerals in Soil: 379-438.

SCOTT D T, MCKNIGHT D M, BLUNT-HARRIS E L, et al., 1998. Quinone moieties act as electron acceptors in the reduction of humic substances by humics-reducing microorganisms [J]. Environmental Science Technology, 32 (19): 2984-2989.

SHERMAN D M, 2005. Electronic structures of iron (Ⅲ) and manganese (Ⅳ) (hydr) oxide minerals: Thermodynamics of photochemical reductive dissolution in aquatic environments [J]. Geochimica et Cosmochimica Acta, 69 (13): 3249-3255.

STONE A T, MORGAN J J, 1984. Reduction and dissolution of manganese (Ⅲ) and manganese (Ⅳ) oxides by organics: 2. Survey of the reactivity of organics [J]. Environmental Science Technology, 18 (8): 617-624.

STRATHMANN T J, STONE A T, 2003. Mineral surface catalysis of reactions between Fe (Ⅱ) and oxime carbamate pesticides [J]. Geochimica et Cosmochimica Acta, 67: 2775-2791.

STRUYK Z, SPOSITO G, 2001. Redox properties of standard humic acids [J]. Geoderma, 102 (3): 329-346.

SUN B, GUAN X, FANG J, et al., 2015. Activation of Manganese Oxidants with Bisulfite for Enhanced Oxidation of Organic Contaminants: The Involvement of Mn (Ⅲ) [J]. Environmental Science Technology, 49 (20): 12414-12421.

SUN X, DONER H E, ZAVARIN M, 1999. Spectroscopy study of arsenite [As (Ⅲ)] oxidation on Mn-substituted goethite [J]. Clays and Clay Minerals, 47 (4): 474-480.

SUNDA W G, HUNTSMAN S A, HARVEY G R, 1983. Photoreduction of manganese oxides in seawater and its geochemical and biological implications [J]. Nature, 301: 234-236.

SUNDA W G, KIEBER D J, 1994. Oxidation of humic substances by manganese oxides yields low-molecular-weight organic substrates [J]. Nature, 367: 62-64

TAKAHASHI Y, SHIMIZU H, USUI A, et al., 2000. Direct observation of tetravalent cerium in ferromanganese nodules and crusts by X-ray-absorption near-edge structure (XANES) [J]. Geochimica et Cosmochimica Acta, 64 (17): 2929-2935.

TANI Y, MIYATA N, OHASHI M, et al., 2004. Interaction of inorganic arsenic with biogenic manganese oxide produced by a Mn-oxidizing fungus, strain KR21-2 [J]. Environmental Science Technology, 38 (24): 6618-6624.

TEBO B M, BARGAR J R, CLEMENT B G, et al., 2004. Biogenic manganese oxides: properties and mechanisms of formation [J]. Annual Review of Earth and Planetary Sciences, 32: 287-328.

TEBO B M, CLEMENT B G, DICK G J, 2007. Biotransformations of manganese [J]. Manual of Environmental Microbiology, 3: 1223-1238.

TEBO B M, GESZVAIN K, LEE S W, 2010. The molecular geomicrobiology of bacterial manganese (Ⅱ) oxidation [M]. Barton LL, Loy A, Mandl M eds., Geomicrobiology: Molecular and Environmental Perspective, 285-308.

TEBO B M, JOHNSON H A, MCCARTHY J K, et al., 2005. Geomicrobiology of manganese (Ⅱ) oxidation [J]. Trends in Microbiology, 13 (9): 421-428.

THORBERGSDÓTTIR I M, GÍSLASON S R, 2004. Internal loading of nutrients and certain metals in the shallow eutrophic Lake Myvatn [J]. Iceland Aquatic Ecology, 38 (2): 191-208.

TROUWBORST R E, CLEMENT B G, TEBO B M, et al., 2006. Soluble Mn (Ⅲ) in suboxic zones [J]. Science, 313 (5795): 1955-1957.

TU S, RACZ G J, GOH T B, 1994. Transformations of synthetic birnessite as affected by pH and manganese concentration [J]. Clays and Clay Minerals, 42 (3): 321-330.

UCHIMIYA M, STONE A T, 2006. Redox reactions between iron and quinones: thermodynamic constraints [J]. Geochimica et Cosmochimica Acta, 70 (6): 1388-1401.

VODYANITSKⅡ Y N, 2010. Iron hydroxides in soils: a review of publications [J]. Eurasian Soil Science, 43 (11): 1244-1254.

VOEGELIN A, HUG S J, 2003. Catalyzed oxidation of arsenic (Ⅲ) by hydrogen peroxide on the surface of ferrihydrite: an in situ ATR-FTIR study [J]. Environmental Science Technology, 37 (5): 972-978.

WANG X, LAN S, ZHU M, et al., 2015b. The presence of ferrihydrite promotes abiotic Mn (Ⅱ) oxidation and formation of birnessite [J]. Soil Science Society of America Journal, 79 (5): 1297-1305.

WANG X, ZHU M, LAN S, et al., 2015a. Formation and secondary mineralization of ferrihydrite in the presence of silicate and Mn (Ⅱ) [J]. Chemical Geology, 415:

37-46.

WANG Z, LEE S W, CATALANO J G, et al., 2012. Adsorption of uranium (VI) to manganese oxides: X-ray absorption spectroscopy and surface complexation modeling [J]. Environmental Science Technology, 47 (2): 850-858.

WENG L, VAN RIEMSDIJK W H, HIEMSTRA T, 2008. Cu^{2+} and Ca^{2+} adsorption to goethite in the presence of fulvic acids [J]. Geochimica et Cosmochimica Acta, 72 (24): 5857-5870.

WHITE A F, PETERSON M L, 1996. Reduction of aqueous transition metal species on the surfaces of Fe (II) -containing oxides [J]. Geochimica et Cosmochimica Acta, 60: 3799-3814.

WHO, 2013. Manganese in drinking-water, Background document for development of WHO Guidelines for Drinking-water Quality [EB/OL]. Available at http://www.who.int/water_sanitation_health/dwq/chemicals/manganese.pdf (accessed July 2).

XU Y, SCHOONEN M A, 2000. The absolute energy positions of conduction and valence bands of selected semiconducting minerals [J]. American Mineralogist, 85 (3-4): 543-556.

YANG L, STEEFEL C I, MARCUS M A, BARGAR J R, 2010. Kinetics of Fe (II) -catalyzed transformation of 6-line ferrihydrite under anoxic flow conditions [J]. Environmental Science Technology, 44 (14): 5469-5475.

YIN H, FENG X, TAN W, et al., 2015. Structure and properties of vanadium (V) -doped hexagonal turbostratic birnessite and its enhanced scavenging of Pb^{2+} from solutions [J]. Journal of Hazardous Materials, 288: 80-88.

YIN H, LIU F, FENG X, et al., 2011. Co^{2+}-exchange mechanism of birnessite and its application for the removal of Pb^{2+} and As (III) [J]. Journal of Hazardous Materials, 196: 318-326.

ZACHARA J M, KUKKADAPU R K, PERETYAZHKO T, et al., 2011. The mineralogic transformation of ferrihydrite induced by heterogeneous reaction with bioreduced anthraquinone disulfonate (AQDS) and the role of phosphate [J]. Geochimica et Cosmochimica Acta, 75 (21): 6330-6349.

ZHANG J, MCKENNA A M, ZHU M, 2021. Macromolecular characterization of compound selectivity for oxidation and oxidative alterations of dissolved organic matter by manganese oxide [J]. Environmental Science Technology, 55: 7741-7751.

ZHANG Q, QIN Z, XIAHOU J, et al., 2023. Effects and mechanisms of Al substitution on the catalytic ability of ferrihydrite for Mn (Ⅱ) oxidation and the subsequent oxidation and immobilization of coexisting Cr (Ⅲ) [J]. Journal of Hazardous Materials, 452: 131351.

ZHANG Z, YIN H, TAN W, et al., 2014. Zn sorption to biogenic bixbyite-like Mn_2O_3 produced by Bacillus CUA isolated from soil: XAFS study with constraints on sorption mechanism [J]. Chemical Geology, 389: 82-90.

专题3 土壤中常见氧化锰的转化以及对金属离子的富集机制

随着经济的快速发展，人类对自然资源开采和利用的程度加剧，使人与环境的和谐发展面临巨大挑战。特别是人类赖以生存和发展的环境资源——土壤，而土壤矿物作为土壤的重要成分，其组成、结构和性质对土壤的物理和化学性质具有深刻影响，对控制重金属和有机污染物有着重要作用（周东美，1999）。作为土壤矿物与沉积物的重要组成部分——氧化锰矿物，主要是锰的氧化物和氢氧化物，具有比表面积大、电荷零点低和表面活性强等特点，通常与重金属和有机物发生吸附、氧化和催化的作用（Post，1999；冯雄汉，2003；Vodyanitskii，2009），是土壤中重要的吸附载体和催化氧化的重要成分（Post，1999；鲁安怀等，2000）。在不同的环境中氧化锰矿物之间能够相互转化，不同的矿物特性影响其对污染物迁移转化的环境效应。因此，对不同氧化锰的矿物学特性及其相互之间的转化特点的理解，有助于我们更好地认识其在土壤中的重要性。

一、土壤中氧化锰矿物

锰元素在地壳中的平均丰度为 1 000 mg/kg，是仅次于铁的常见金属元素，土壤中锰的平均丰度为 850 mg/kg（王云等，1995）。氧化锰矿物广泛存在于自然环境中。迄今已知的天然氧化锰矿物约三十多种，而土壤中存在约 16 种，主要以氧化物及其水合物存在（表3-1），土壤中氧化锰矿物可分为两类：隧道结构和层状结构氧化锰矿物。

自然界中常见和报道较多的氧化锰矿物主要有：隧道结构的高价态软锰矿（1×1）、锰钾矿（2×2）、钙锰矿（3×3）以及低价态的黑锰矿和水锰矿等（图 3-1），层状结构的水钠锰矿（包括六方对称和三斜对称）和黑锌锰矿等（图 3-2）。它们的晶体骨架都是由锰氧八面体或扭曲的锰氧八面体（MnO_6）以共边或共角顶链接形成不同的锰矿物（Suib，2008）。

表 3-1 土壤中可能存在的氧化锰矿物类型

矿物英文名称	中文名称[1]	简名	土壤中存在的可能性[3]
Mn^{4+} 的隧道构造			
Pyrolusite	软锰矿	$\beta-MnO_2$	少见
Ramsdellite	拉锰矿	$\gamma-MnO_2$	少见
Nsutite	六方锰矿	$\gamma-MnO_2$	少见
Hollandite	锰钡矿	$\alpha-MnO_2$	存在
Cryptomelane	锰钾矿	$\alpha-MnO_2$	存在
Coronadite	锰铅矿	$\alpha-MnO_2$	存在
Romanechite	钡硬锰矿	—	存在
Todorokite	钙锰矿	—	存在
Mn^{4+} 的层状构造			
Birnessite	水钠锰矿	$\delta-MnO_2$	常见
Vernadite	水羟锰矿	$\delta-MnO_2$	常见
Buserite	布塞尔矿[2]	—	少见
Lithiophorite	锂硬锰矿	—	存在
Chalcophanite	黑锌锰矿	—	少见
Ranceite	钙锰石	—	少见

[1] 以《英汉矿物种名称》为准（新矿物及矿物命名委员会，1984）；[2] 引自郭世勤和孙文泓等，1992；[3] 引自 Gilkes，1988。

1. 常见的隧道结构氧化锰矿物

隧道结构氧化锰矿物由 MnO_6 八面体的单链、双链或多链组成，通过链内共棱和链间共角顶氧在平面上连接成网状隧道结构。隧道中通常会富集一些阳离子，如 Ba^{2+}、Ca^{2+} 和 K^+ 等，以及水分。根据隧道大小，其结构可以分为 1×1、1×2、2×2、3×3 或 $m \times n$ 等。

（1）锰钾矿　又称 $\alpha-MnO_2$ 或锰钡矿族矿物，理想的化学式为 $K_xMn_{8-x}O_{16}$，是由共棱的双链通过共角顶氧与其他的双链连接成的 2×2 的隧

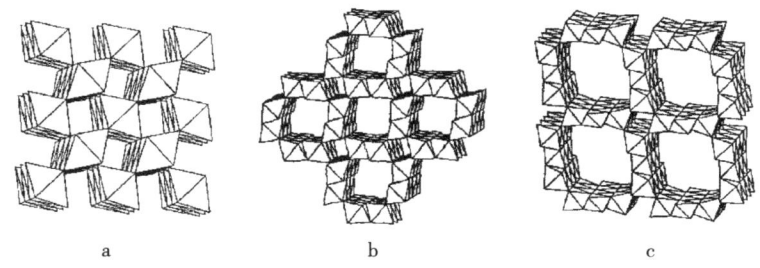

(a) 软锰矿, (b) 锰钾矿, (c) 钙锰矿

图 3-1 不同隧道结构氧化锰矿物的结构示意图（冯雄汉，2003）

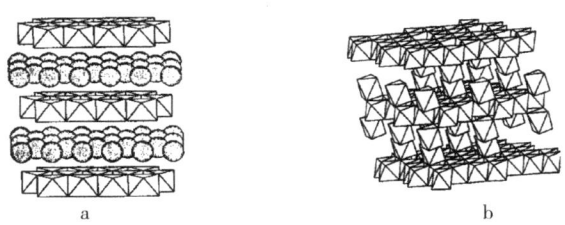

(a) 水钠锰矿, (b) 黑锌锰矿

图 3-2 不同层状结构氧化锰矿物的结构示意图（冯雄汉，2003）

道结构（图3-1b）。锰钾矿通常有四方晶系和单斜晶系两种，而隧道中的离子为K^+时，其会形成四方晶系，而K^+被Na^+和Ca^{2+}取代时，则会畸变为单斜晶系。它常常在土壤和沉积物中广泛存在，是大洋铁锰结核的重要组成成分。当土壤中K^+较高时，锰钾矿成为土壤中最为稳定的氧化锰矿物，且在某些红壤中，锰钾矿是主要的氧化锰矿物。

隧道结构的锰钾矿可由层状结构的水钠锰矿在较大离子（K^+或者Fe^{3+}等）存在下，通过加热焙烘转变而来，但要控制离子含量在一定范围内（Cai et al., 2001）。或者在$KMnO_4$和$MnSO_4$的混合溶液中添加一定量的Cu^{2+}、Zn^{2+}、Ni^{2+}、Co^{2+}、Al^{3+}或Mg^{2+}等阳离子，并煮沸回流，生成含不同掺杂金属离子的纤维状锰钾矿（Chen et al., 2002; De Guzman et al., 1994）。

（2）钙锰矿 又称钡镁锰矿，广泛分布在土壤和沉积物中，由$Mn(\text{IV})O_6$八面体沿a轴和c轴方向以链内共棱和链间共角顶氧连接形成，隧道沿 b 轴延伸，孔径为 0.69 nm，是常见的一种 3×3 隧道结构氧化锰矿物，隧道宽度为 0.488 nm，单斜晶系，具有特殊的三连晶形貌。

钙锰矿可能是由类似布赛尔矿作为前驱氧化后转化而成。布赛尔矿在土壤中易脱水形成水钠锰矿，进而不能转化为钙锰矿；在海洋中，布赛尔矿不易失水，逐渐转化为钙锰矿。因此，钙锰矿多见于海床结核中，而少见于土壤环境（只在碱性土壤中存在）（Mckenzie，1989）。在实验室中，利用 Ca^{2+}、Ni^{2+}、La^{3+} 等代替 Mg^{2+} 进行合成实验时，均能使 Na-水钠锰矿层间距膨大至 1 nm，且都生成了部分弱结晶的钙锰矿。在碱性条件下，$Mg(MnO_4)_2$ 氧化 $Mn(OH)_2$ 制得 Mg-水钠锰矿，并在 155~170℃ 下热液反应 10~40 h，也可形成钙锰矿（Shen et al.，1993）。

2. 常见的层状结构氧化锰矿物

在众多的氧化锰矿物中，水钠锰矿是环境中最常见和普遍存在的。它具有颗粒细小、比表面积大、电荷零点低等特性，主要存在于土壤和海洋沉积物的锰结核和胶膜中（Lanson et al.，2008；Bodeï et al.，2007），是重金属及过渡金属的重要富集载体，常被作为层状氧化锰的模式矿物用于研究其与重金属的相互作用。

自然环境条件或合成方法的不同，形成的水钠锰矿的晶体结构的对称性及特性不同。根据水钠锰矿形成环境的 pH 可以将其分为碱性水钠锰矿和酸性水钠锰矿（冯雄汉，2003）。

（1）碱性水钠锰矿 碱性水钠锰矿通常在弱碱性介质中，用 $KMnO_4$ 充分氧化 $Mn(OH)_2$，生成的产物为 $\delta-MnO_2$（水羟锰矿）或弱晶质的水钠锰矿（Murray，1985）。碱性水钠锰矿前驱物布赛尔矿结构是沿 [110] 层平面方向每隔两条 $Mn^{4+}O_6$ 八面体链有一条 $Mn^{3+}O_6$ 八面体链，以此减少八面体链间的排斥力，从而在层结构中不含有八面体空位（Drits et al.，1997；Silvester et al.，1997；Lanson et al.，2000，2002）。在失水转化成水钠锰矿过程中，层内有部分 Mn^{3+} 发生歧化，反应即由两个 Mn^{3+} 转化为一个 Mn^{4+} 和一个 Mn^{2+}，而 Mn^{2+} 则迁移出层内，从而形成八面体空位。Villalobos et al.（2006）通过 XRD 图谱拟合表明，碱性水钠锰矿中约有 6% 的空位，且层间不含锰（Villalobos et al.，2003）。碱性水钠锰矿晶体结构与黑锌锰矿的相似，结晶度较好，呈六方片状（Feng et al.，2005），为三斜晶系，晶胞参数

a、b 和 c 分别为 0.295 73 nm、0.295 47 nm、0.733 4 nm（Drits et al.，1997；Lanson et al.，2002b）。碱性水钠锰矿的 XRD 图谱特征峰对应的晶面间距约为 7.09 Å、3.56 Å、2.51 Å 和 1.47 Å。空位含量较少的结构特点导致其对重金属的吸附能力降低。

（2）**酸性水钠锰矿** 实验室得到弱晶质的水钠锰矿，呈六方对称构型，MnO_6 八面体层由 $Mn^{4+}O_6$ 八面体、$Mn^{3+}O_6$ 八面体和八面体空位共同组成，低价的 Mn^{3+} 或 Mn^{2+} 吸附在空位上方或下方，K^+ 则位于层间（Webb et al.，2005；Villalobos et al.，2006）。Drist et al.（1997）报道，H-水钠锰矿中的空位是长程有序的，沿（100）面每三列 Mn 八面体中的一列有一半为八面体空位。该类水钠锰矿中的空位含量并不确定，最高可达 16.7%（Drits et al.，1997；Silvester et al.，1997；Lanson et al.，2000，2002a；Manceau et al.，2002）。大量的重金属吸附实验表明，空位的含量与重金属离子的最大吸附量呈正相关关系，表明空位对水钠锰矿的吸附性质有重要影响（Zhao et al.，2009a，2009b，2010；Wang et al.，2012）。酸性水钠锰矿为细针球状，为六方晶系，酸性水钠锰矿的 X 射线衍射特征峰晶面是（001）、（002）、（11，20）、（31，02）和（22，40），分别对应晶面间距约为 7.21Å、3.61 Å、2.46 Å 和 1.42 Å。其中高角度的后两个衍射峰是多重卷积峰（Drits et al.，1997，2007；Lanson et al.，2000，2008；Villalobos et al.，2006；Grangeon et al.，2008，2010）。酸性水钠锰矿可由碱性水钠锰在酸性条件中平衡转换，即 H^+ 置换出层间的 Na^+，同时导致层内发生歧化反应，由两个 Mn^{3+} 生成的一个 Mn^{4+} 仍留在层内，而生成的 Mn^{2+} 则迁入层间，形成空位并吸附在空位上（Drits et al.，1997；Silvester et al.，1997；Lanson et al.，2000）。

二、层状与隧道结构氧化锰间的转化

目前，关于氧化锰之间的转化研究已有较多报道，特别是对从层状结构向隧道结构转化的研究较为关注，影响其转化过程的因素有很多，如温度、pH、氧化还原反应物、外来离子的种类和含量以及加入的速度和顺序等。探究常见氧化锰矿物间的转化对于揭示土壤中氧化锰矿物的形成与演化具有重要的意义。

图 3-3 显示有较多氧化锰矿物都可以以层状结构水钠锰矿为前驱体进行转变。以 Na-水钠锰矿为前驱体，通过不同离子（Ba^{2+}、Li^+、K^+、Mg^{2+}和 Zn^{2+}等）的交换，进入层间，再通过水热反应，可以制备得到不同孔道大小的隧道结构氧化锰，或者由于离子过多的引入而不转变为隧道结构，而是形成黑锌锰矿的层状结构（Xia et al., 2001；Shen et al., 2004）。

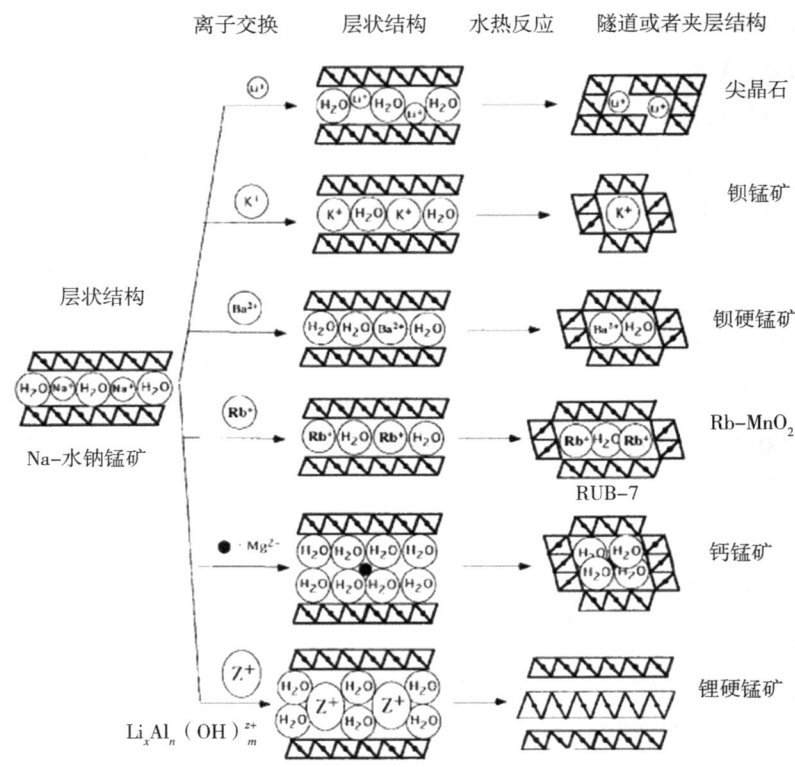

图 3-3　水钠锰矿向隧道或夹层状结构转化示意图（Feng et al., 1998）

Shen et al.（2005）通过在不同 pH 条件下进行水热处理 Na-水钠锰矿，得到不同孔道大小隧道结构的氧化锰矿物（图 3-4）。在 pH 值为 13 时，可以得到 2×4 隧道结构氧化锰；在 pH 值为 7 时，可以得到 2×3 隧道结构氧化锰；在 pH 值为 1 时，可以得到 1×1 隧道结构氧化锰。其根本原因是 pH 的不同，导致 Na^+ 的水合半径不同，最终导致其隧道大小不同。

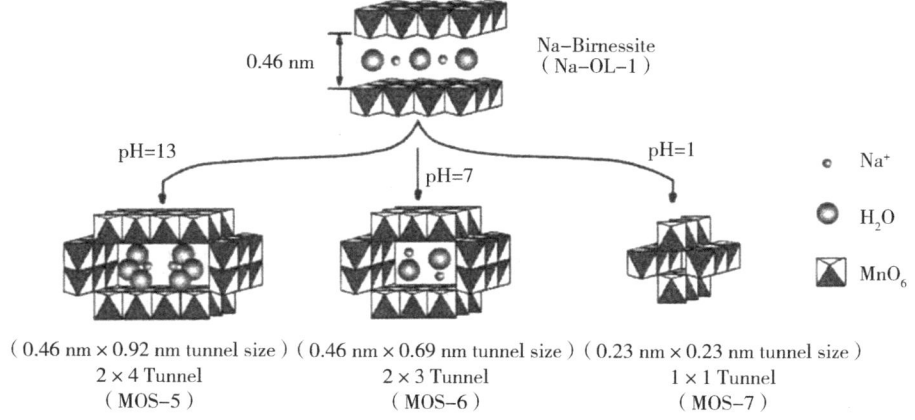

图 3-4 水钠锰矿在不同 pH 下的转化

目前，研究表明上述氧化锰之间存在多种条件下的转化，如高温高压下热液和煅烧的转化方法，但实际土壤环境不存在此种极端条件，因此研究这种极端环境下的转化过程对研究土壤中氧化锰的转变过程和机制意义较小。但在回流条件下的转化过程，相对更加贴近自然转化过程。关于这方面的研究，一个是主要集中在以碱性条件下合成的碱性层状氧化锰矿物为前驱体，向钙锰矿转化，如以 Mg^{2+} 交换水钠锰矿为前驱体，在常压和 100℃ 下回流得到了纯相的钙锰矿（冯雄汉，2003）；或以不同层间离子的布赛尔矿为研究对象，探讨了不同离子类型和含量，pH 和黏土矿物等因素对其转化为钙锰矿的影响（崔浩杰，2007）。另一个则是在酸性条件下合成的酸性水钠锰矿，向锰钾矿的转化。当制备一系列含钾量为 3.8%～6.2% 的水钠锰矿，经煮沸全部转化为锰钾矿（Buser et al., 1954；Mckenzie et al., 1971），因此，水钠锰矿中的钾含量对其转化过程有重要影响。

三、土壤中常见氧化锰对重金属的富集作用

氧化锰矿物与重金属相互作用的现象和过程普遍发生，主要表现在氧化锰矿物对重金属元素的赋存（吸附和同晶替代）和氧化还原作用，影响其在环境中的形态、迁移和转化。我国许多土壤的铁锰结核和铁锰胶膜中 Cd、Co、Cu、Ni、Pb、Zn 的含量与氧化锰含量显著相关（Liu et al., 2002；

姜学钧等，2004，2007；Frierdich et al.，2011）。特别是氧化锰矿物颗粒细小，结晶弱，并常以胶膜的形式分布在其他矿物表面，其活性和作用远大于自身在土壤和沉积物中所占的比例。氧化锰矿物对重金属和过渡金属的赋存，是由于氧化锰具有一定的选择性吸附，以及吸附的金属离子自身特点所致。如金属离子的原子序数较大，半径较小，或其水合离子的变形较强，可以与氧化锰表面的氧原子键合成内圈配合物的专性吸附（于天仁等，1996）。从表3-1中可以看出，土壤中最为常见的氧化锰矿物为水钠锰矿和水羟锰矿，其中水钠锰矿相对更加稳定。因此，本小节以水钠锰矿为对象，展开进一步的叙述。

1. 水钠锰矿中的空位

在酸性水钠锰矿的[MnO_6]层内，存在部分的[MnO_6]缺失。Grangeon et al.（2014）报道，vernadite随着pH值从10降低到3的平衡过程中，空位的含量从每个[MnO_6] -0.14个空位增加到每个[MnO_6] -0.17个空位。即在酸性条件下，层内2个Mn^{3+}发生歧化反应，生成一个Mn^{2+}和一个Mn^{4+}，Mn^{2+}迁移进入层间，从而形成一个八面体空位（Drits et al.，1997；Silvester et al.，1997；Lanson et al.，2000）。研究表明，空位的含量随着氧化度的增加而增加，因此锰的平均氧化度在一定程度上可以反映空位的含量（Zhao et al.，2009a，2010）。许多研究表明，重金属离子主要吸附在锰氧八面体空位上，Wang et al.（2012）报道，水钠锰矿对重金属Pb^{2+}、Cu^{2+}、Zn^{2+}和Cd^{2+}的最大吸附量随着Mn平均氧化度的降低而减小。这也表明了八面体空位对重金属吸附过程的重要作用。

水钠锰矿对不同的金属离子的吸附能力不同（如：$Pb^{2+} > Cu^{2+} > Co^{2+} > Ni^{2+} > Zn^{2+} > Mn^{2+} > Ca^{2+} > Mg^{2+}$）（McKenzie，1980a；Tebo et al.，2004）。影响其吸附能力的主要有八面体空位数量、分布位置、层间和层内阳离子等。其中，空位含量对重金属吸附有重要影响，大量金属离子可以吸附在空位上/下方（Appelo and Postma，1999；Manceau et al.，2002）。Kown et al.（2013）对常见的过渡金属和重金属在空位上吸附形成的主要配位形式进行了总结（图3-5）。此外，水钠锰矿对重金属的吸附能力还与晶粒大小、边面位点、比表面积和氧化度等因素相关（Zhao et al.，2009，

2010；Gaillot et al.，2007；Villalobos et al.，2014）。

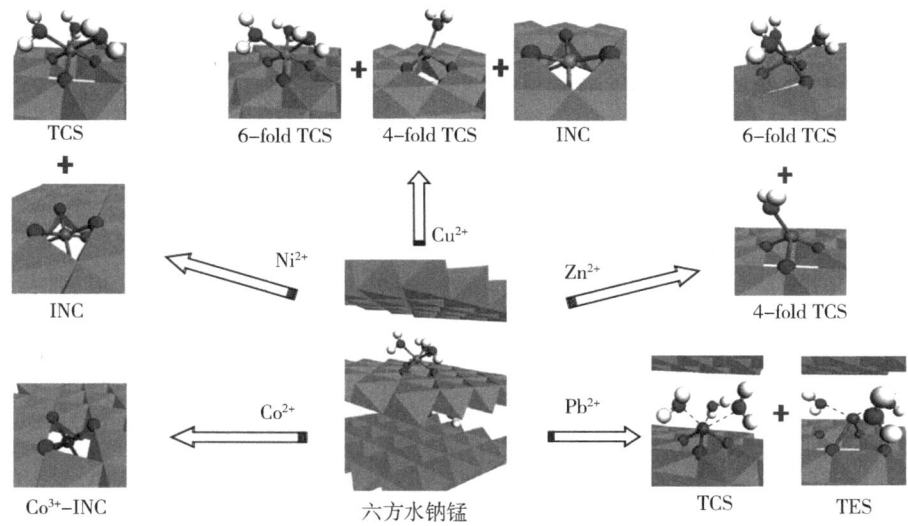

图 3-5　不同的金属离子吸附在六方水钠锰矿空位上形成的配位（Kown et al.，2013）（彩图见文后彩插）

2. 水钠锰矿对重金属离子的吸附特性

（1）水钠锰矿对 Pb^{2+} 的富集　水钠锰矿对 Pb^{2+} 的吸附能力最强，在等温吸附中最大可达 2.2 mol/kg（Wang et al.，2012）。研究表明，Pb^{2+} 在水钠锰矿上优先以六配位与空位上 3 个键与 2 个 Mn 原子的 O 原子（O_{2Mn}）形成三齿共角顶（TCS）吸附在空位上方或/和下方（Manceau et al.，2002；Drits et al.，2002；Lanson et al.，2002a）。当 Pb^{2+} 的吸附量较高时，约有 75% Pb^{2+} 吸附在空位上/下方，部分的 Pb^{2+} 则是以三齿共边（TES）的形式吸附在空位一边的三齿孔洞上/下方，以此减小空位上/下方两个 Pb^{2+} 的静电排斥（Lanson et al.，2002a；赵巍，2009）。此外，Pb^{2+} 还能以双齿共角顶（DCS）的方式吸附在边面。当矿物的颗粒尺寸较小时，由于边面位置的锰占总锰的比例较高，颗粒所带电荷主要集中在边面位点上，边面位点的吸附可能作为主要的吸附方式（Villalobos et al.，2005a）。以上 3 种吸附方式在对 Ni^{2+} 的吸附结果中同样被发现（Manceau et al.，2007a；Grangeon et al.，2008）。另外，密度泛函理论（DFT）的计算认为，Pb^{2+} 还可能以双齿共边（DES）的方式吸附在边面位点（Kwon et al.，2010）。由于 Pb^{2+} 的半径较大，不能进入水钠锰矿层内。Pb^{2+} 相对于其他金属离子在水钠锰矿上的吸附位点较多，与比表面积呈正相关关系，导致了 Pb^{2+} 的吸附量最高。

（2）水钠锰矿对 Zn^{2+} 的富集　水钠锰矿对 Zn^{2+} 吸附机制的研究表明，Zn^{2+} 在水钠锰矿空位上同样是与 3 个表面 O_{2Mn} 键合，另外与 3 个层间水分子氧或羟基氧键合，形成六配位（Zn^{VI}）的 TCS 内圈络合物，这种分子模型与黑锌锰矿中 Zn^{2+} 的键合形式相似（Manceau et al.，2002a，2007b；Marcus et al.，2004；Toner et al.，2006；Kwon et al.，2009；Post and Appleman，1988b）。另外，Manceau et al.（2002a）的研究除了证明 Zn^{VI}-TCS 存在于水钠锰矿空位上，还证明了四配位（Zn^{IV}）的 TCS 内圈络合物的存在，其结构模型相比 Zn^{VI}-TCS 少了 2 个水分子。当水钠锰矿表面吸附 Zn^{2+} 的含量较低时，Zn^{2+} 主要是以四配位形式吸附在空位上方或下方；当 Zn^{2+} 的吸附量较高时，Zn^{2+} 则以六配位为主，同时有少量四配位（~30%）存在（Manceau et al.，2002a；Lanson et al.，2002a）。Marcus et al.（2004）进一步发现在海洋铁锰结核中，锰相为水钠锰矿，而吸附在水钠锰矿空位上的 Zn^{2+} 几乎都是四配位。通过比较水钠锰矿空位含量与吸附 Zn^{2+} 的配位构型变化得出，Zn^{2+} 的四配位比六配位更有利于平衡因空位产生的层间负电荷（Lanson et al.，2002a；Manceau et al.，2002a）。Kwon et al.（2009a）通过 DFT 计算得出，在水钠锰矿中，Zn^{2+} 的四配位分子构型与空位上键合的 O 原子的电子重叠度比八面体分子构型的大，更容易平衡 O 原子的磁矩；Zn^{2+} 的四配位构型比六配位构型的总电子能量稍低（~11.6 kg/mol），这些结果暗示着空位上四配位或许比六配位 Zn^{2+} 分子构型更稳定。因此，在一定环境条件下，矿物表面的这两种分子构型是否会发生相互转化值得关注。

（3）水钠锰矿对 Cu^{2+} 的富集　关于 Cu^{2+} 与层状氧化锰矿作用的研究表明，在 pH 值为 4 时，对于用钠交换的布赛尔矿吸附 Cu^{2+} 形成的水钠锰矿，通过扩展 X 射线吸收精细结构光谱（EXAFS）分析 Cu 配位结构得出，Cu^{2+} 以 Jahn-Teller 扭曲的八面体在空位上形成三齿共角顶（TCS）配合物（Manceau et al.，2012）。通过 EXAFS 光谱分析和 DFT 计算联合分析得出，在 pH 值为 4 时，吸附在水羟锰矿上的 Cu^{2+} 全部是以三配位或四配位的 TCS 配合物位于空位上；而在 pH 值为 8 时，只是大部分的 Cu^{2+} 是三配位或四配位（Sherman and Peacock，2010）。以上结论在自然铁锰结核的 Cu 晶体化学研究中也被证实（Little et al.，2014），并通过增加长程的水化和更宽泛的水化层去提高 DFT 计算精度，进一步证明了这些结论（Sherman et al.，2015）。

Peña et al.(2015) 总结了 Cu^{2+} 在矿物上可能的配置构型，主要包含 3 个类型：外圈配合物、内圈配合物和沉淀（图 3-6）。内圈配合物还包括空位上的三尺共角顶（TCS）吸附、空位中的配位（INC）、边面二齿共角顶（DCS）和二齿共边（DES）吸附；沉淀包括表面沉淀（或簇）和 $Cu(OH)_2$。

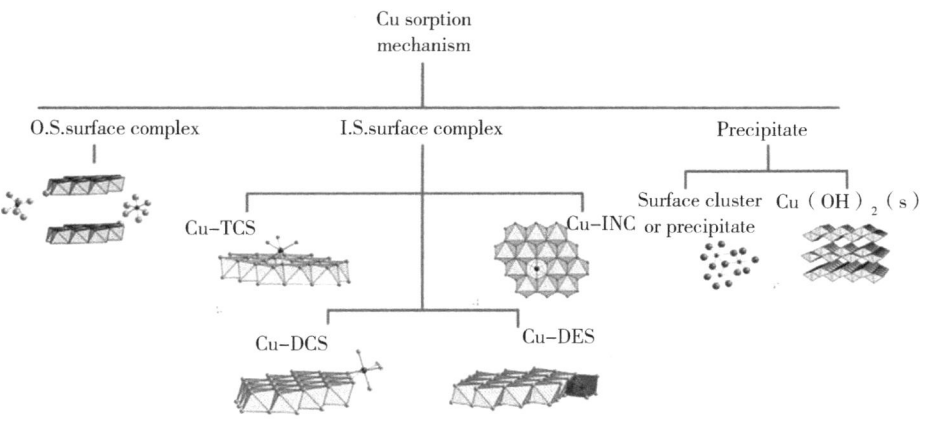

外圈配位复合（O.S.）、内圈配位复合（I.S.）和沉淀（Precipitate）

图 3-6　Cu 的吸附和配位构型图解（Peña et al.，2015）

在内圈配合物中，空位上吸附的 Cu^{2+} 可以进入水钠锰矿空位中，但依赖于环境的 pH，这与 Ni^{2+} 的行为相似。在 pH 值为 6 条件下，用带有大量边面活性位点的水羟锰矿吸附 Cu^{2+}，在 Cu/Mn 摩尔比例从 0.01 增加到 0.26 的一系列样品分析中发现，由于 Cu^{2+} 的 Cu-O（H）第一壳层严重扭曲、Cu_E 的成键环境高度有序、Cu K 边的 EXAFS 图谱在 R + ΔR > 3 Å 的信号缺少和在 R + ΔR ~2.5 Å 处 Cu-Mn 峰获得的配位数较低（0.5~0.6），得出 Cu_E 不存在于样品中的结论（Peña et al.，2015）。综上所述，Cu^{2+} 在六方水钠锰矿中的配位形态和空间分布并不十分清楚。而 Qin et al.（2017）的研究发现，随着水钠锰矿中 Cu^{2+} 含量的增加，少量的 Cu^{2+} 进入水钠锰矿层内，大部分吸附在空位上，部分 Cu^{2+} 以六配位形式存在的多核簇形态位于六方水钠锰矿的边面，其空位和边面位点也逐渐被占据。

（4）水钠锰矿对 Co^{3+}、Ni^{2+} 和 Fe^{3+} 的富集　已有的研究表明，在 $\delta-MnO_2$ 中富集的 Co，是以低自旋的 Co^{3+} 存在于层内，这是由于低自旋 Co^{3+} 有效离子半径与 Mn^{4+} 相近，能稳定存在于结构中（Shannon，1976；Burns，1993；Jiang et al.，2009）。钴以共沉淀方式引入水钠锰矿，基本没有改变水钠锰矿的层状结构和微观形貌，大部分的 Co^{3+} 取代 Mn^{4+} 进入层内（Yin et al.，2011a，b）。在水钠锰矿中 Ni^{2+} 主要是吸附在空位上/下方，随着时间和 pH 值的增加，Ni^{2+} 可以进入八面体空位中，并且结构稳定性逐渐增强；当 pH 值降低时，层内的 Ni^{2+} 含量逐渐降低。因此，Ni^{2+} 在空位上的进入和脱出是可逆的（Peacock，2009）。引入 Ni 的水钠锰矿结晶度减弱，少部分的 Ni 进入层内，大部分吸附在空位上（Yin et al.，2012）。引入 Fe 的水钠锰矿结晶度减弱，仅有小部分的 Fe^{3+} 进入层内，大部分吸附在空位上（Yin et al.，2013）。以上 3 种过渡金属分别引入六方水钠锰矿，对过渡元素离子的赋存形式和对六方水钠锰矿的影响研究较为清楚。

四、总结及展望

锰氧化物作为土壤中重要的吸附氧化载体，参与或控制土壤中元素的迁移转化过程，研究其在自然环境中的演化过程及机制有重要的意义。首先，认识土壤环境中常见的锰氧化的种类、结构和特性，并能够通过贴近自然条件下的实验，认识不同结构氧化锰之间的转化过程及控制因素，有助于了解其真正的转化和演化过程；其次，进一步深入探究土壤中常见氧化物对常见重金属和过渡金属的富集作用和机制，从微观角度认识两者之间的作用机理，解释宏观吸附能力和迁移转化机制等，由浅到深地学习土壤中的氧化锰矿物。此外，通过学习和认识氧化锰的相关矿物学知识以及环境行为，希望开拓其应用，服务于不同的领域，如环保行业，作为环境友好型材料处理水环境或土壤环境中的重金属和有机物污染等，其中的奥妙仍需进一步探究。

参考文献

冯雄汉,2003. 土壤中几种常见氧化锰矿物的合成、转化及表面化学性质 [D]. 武汉:华中农业大学.

郭世勤,孙文泓,1992. 太平洋中部多金属结核矿物学 [M]. 北京:海洋出版社.

姜学钧,姚德,林学辉,等,2007. Cu、Co、Ni、Ti 和 Mg 在成岩型铁锰结核中的地球化学特征 [J]. 海洋地质与第四纪地质,27:47-54.

姜学钧,姚德,翟世奎,2004. 过渡金属元素 Cu、Co、Ni 在铁锰结核(壳)中富集的控制因素 [J]. 海洋地质与第四纪地质,24:41-48.

鲁安怀,卢晓英,任子平,等,2000. 天然铁锰氧化物及氢氧化物环境矿物学研究 [J]. 地学前缘,7(2):473-483.

王云,魏复盛,等,1995. 土壤环境元素化学 [M]. 北京:中国环境科学出版社.

于天仁,季国亮,丁昌璞,等,1996. 可变电荷土壤的电化学 [M]. 北京:科学出版社.

赵巍,2009. 水钠锰矿吸附 Pb^{2+} 微观机理研究 [D]. 武汉:华中农业大学.

周东美,1999. 土壤中有机污染物-重金属的交互作用及其机理研究 [D]. 南京:中国科学院南京土壤研究所.

APPELO CAJ and POSTMA D, 1999. A consistent model for surface complexation on birnessite ($\delta-MnO_2$) and its application to a column experiment [J]. Geochimica et Cosmochimica Acta, 63:3039-3048.

BODEÏ S, MANCEAU A, GEOFFROY N, et al., 2007. Formation of todorokite from vernadite in Ni-rich hemipelagic sediments [J]. Geochimica et Cosmochimica Acta, 71:5698-5716.

BURNS RG, 1993. Mineralogical Applications of Crystal Field Theory [M]. 2nd ed. Cambridge:Cambridge University Press.

BUSER W, GRAF P, FEITKNECHT W, 1954. Beitrag zur Kenntnis der Mangan (II)-manganite und des-MnO_2 [J]. Helvetica Chimica Acta, 37:2322-2333.

CAI J, LIU J, WILLIS W S, et al., 2001. Framework doping of iron in tunnel structure cryptomelane [J]. Chemistry of Materials, 13:2413-2422.

CHEN X, SHEN Y F, SUIB S L, et al., 2002. Characterization of manganese oxide octahedral molecule sieve (M-OMS-2) materials with different metal cation dopants [J]. Chemistry of Materials, 14:940-948.

DEGUZMAN R N, SHEN Y F, SHAW B R, et al., 1993. Role of cyclic voltammetry in characterizing solids: natural and synthetic manganese oxide octahedral molecular sieves [J]. Chemistry of Materials, 5: 1395-1400.

DRITS V A, LANSON B, GAILLOT A-C, 2007. Birnessite polytype systematics and identification by powder X-ray diffraction [J]. American Mineralogist, 92 (5-6): 771-788.

DRITS V A, SILVESTER E, GORSHKOV A L, et al., 1997. Structure of synthetic monoclinic Na-rich birnessite and hexagonal birnessite: I, Results from X-ray diffraction and selected-area electron diffraction [J]. American Mineralogist, 82 (9-10): 946-961.

FENG Q, KANOH H, OOI K, 1999. Manganese oxide porous crystals [J]. Journal of Materials Chemistry, 9 (2): 319-333.

FENG X H, LIU F, TAN W, et al., 2004b. Synthesis of todorokite by refluxing process and its primary characteristics [J]. Science in China Series D-earth Sciences, 47 (8): 760-768.

FENG X H, TAN W F, LIU F, et al., 2005. Pathways of birnessite formation in alkali medium [J]. Science in China Series D-earth Sciences, 48 (9): 1438-1451.

FRIERDICH A J, HASENMUELLER E A, AND CATALANO J G, 2011. Composition and structure of nanocrystalline Fe and Mn oxide cave deposits: Implications for trace element mobility in karst systems [J]. Chemical Geology, 284: 82-96.

GAILLOT A C, DRITS A., MANCEAU A, et al., 2007. Structure of the synthetic K-rich phyllomanganate birnessite obtained by high-temperature decomposition of $KMnO_4$: substructures of K-rich birnessite from 1000°C experiment [J]. Microporous and Mesoporous Materials, 98: 267-282.

GILKES R J, MCKENZIE R M, 1988. Geochemistry and mineralogy of manganese in soils [M] //Manganese in Soils and Plants. Dordrecht: Springer Netherlands: 23-35.

GRANGEON S, LANSON B, LANSON M, 2014. Solid-state transformation of nanocrystalline phyllomanganate into tectomanganate: influence of initial layer and interlayer structure [J]. Acta Crystallographica Section B-Structural Science, 70 (5): 828-838.

GRANGEON S, LANSON B, LANSON M, et al., 2008. Crystal structure of Ni-sorbed synthetic vernadite: a powder X-ray diffraction study [J]. Mineralogical Magazine, 72 (6): 1279-1291.

GRANGEON S, LANSON B, MIYATA N, et al., 2010. Structure of nanocrystalline phyllomanganates produced by freshwater fungi [J]. American Mineralogist, 95 (11-12): 1608-1616.

JIANG X J, YAO D, LIN X H, et al., 2009. Factors controlling the distribution of transitional metal elements in marine hydrogenic ferromanganese crusts [J]. The Journal of Ocean University of China, 8: 57-64.

KWON K D, REFSON K, AND SPOSITO G, 2010. Surface complexation of Pb^{2+} by hexagonal birnessite nanoparticles [J]. Geochimica et Cosmochimica Acta, 74 (23): 6731-6740.

KWON K D, REFSON K, SPOSITO G, 2013. Understanding the trends in transition metal sorption by vacancy sites in birnessite [J]. Geochimica et Cosmochimica Acta, 101: 222-232.

LANSON B, DRITS V A, FENG Q, et al., 2002a. Structure of synthetic Na-birnessite: Evidence for a triclinic one-layer unit cell [J]. American Mineralogist, 87 (11-12): 1662-1671.

LANSON B, DRITS V A, GAILLOT A C, et al., 2002b. Structure of heavy-metal sorbed birnessite: Part 1. Results from X-ray diffraction [J]. American Mineralogist, 87 (11-12): 1631-1645.

LANSON B, DRITS V A, SILVESTER E, et al., 2000. Structure of H-exchanged hexagonal birnessite and its mechanism of formation from Na-rich monoclinic buserite at low pH [J]. American Mineralogist, 85: 826-838.

LANSON B, MARCUS M A, FAKRA S, et al., 2008. Formation of Zn-Ca phyllomanganate nanoparticles in grass roots [J]. Geochimica et Cosmochimica Acta, 72 (10): 2478-2490.

LITTLE S H, SHERMAN D M, VANCE D, et al., 2014. Molecular controls on Cu and Zn isotopic fractionation in Fe-Mn crusts [J]. Earth and Planetary Science Letters, 396: 213-222.

LIU F, COLOMBO C, HE J Z, et al., 2002. Trace elements in manganese-iron nodules from a Chinese Alfisol [J]. Soil Science Society of America Journal, 66: 661-671.

MANCEAU A, KERSTEN M, MARCUS M A, et al., 2007a. Ba and Ni speciation in a nodule of binary Mn oxide phase composition from Lake Baikal [J]. Geochimica et Cosmochimica Acta, 71: 1967-1981.

MANCEAU A, LANSON B, AND DRITS V A, 2002. Structure of heavy metal sorbed birnessite. Part Ⅲ. Results from powder and polarized extended X-ray absorption fine structure spectroscopy [J]. Geochimica et Cosmochimica Acta, 66: 2639-2663.

MANCEAU A, TAMURA N, CELESTRE RS, et al., 2003. Molecular-scale speciation of Zn and Ni in soil ferromanganese nodules from loess soils of the Mississippi Basin [J]. Environmental Science Technology, 37: 75-80.

MARCUS MA, MANCEAU A, AND KERSTEN M, et al., 2004. Mn, Fe, Zn and As speciation in a fast-growing ferromanganese marine nodule [J]. Geochimica et Cosmochimica Acta., 68: 3125-3136.

MCKENZIE R M, 1980a. The adsorption of lead and other heavy metals on oxides of manganese and iron [J]. Australian Journal of Soil Research, 19: 41-50.

MCKENZIE R M, 1989. Manganese oxides and hydroxides. In: Dixon J B, Weed S B eds., Minerals in Soil Environments [M]. 2nd ed. Madison: SSSA Book Series 1: 439-465.

MURRAY JW, DILLARD JG, GIOVANOLI R, et al., 1985. Oxidation of Mn (Ⅱ): Initial mineralogy, oxidation state and ageing [J]. Geochimica et Cosmochimica Acta, 49: 463-470.

PEACOCK C L, 2009. Physiochemical controls on the crystal – chemistry of Ni in birnessite: Genetic implications for ferromanganese precipitates [J]. Geochimica et Cosmochimica Acta, 73: 3568-3578.

PEÑA J, BARGAR J R, SPOSITO G, 2015. Copper sorption by the edge surfaces of synthetic birnessite nanoparticles [J]. Chemical Geology, 396: 196-207.

POST J E, 1999. Manganese oxide minerals: crystal structures and economic and environmental significance [J]. PNAS, 96: 3447-3454.

QIN Z, XIANG Q, LIU F, et al., 2017. Local structure of Cu^{2+} in Cu-doped hexagonal turbostratic birnessite and Cu^{2+} stability under acid treatment [J]. Chemical Geology, 466: 512-523.

SHANNON R D, 1976. Revised effective ionic radii and systematic studies of interatomic distances in Halides and Chalcogenides [J]. Acta Crystallographica Section A: 32, 751-767.

SHEN X F, DING Y S, LIU J, et al., 2005a. Control of nanometer-scale tunnel sizes of porous manganese oxide octahedral molecular sieve nanomaterials [J]. Advanced Materials, 17 (7): 805-809.

SHEN X, DING Y, LIU J, et al., 2004. Synthesis, characterization, and catalytic applications of manganese oxide octahedral molecular sieve (OMS) Nanowires with a 2 × 3 tunnel structure [J]. Chemistry of Materials, 16 (25): 5327-5335.

SHEN Y F, ZERGER R P, SUIB S L, et al., 1993. Manganese oxide octahedral molecular sieves: Preparation, characterization and application [J]. Science, 260: 511-515.

SHERMAN D M, AND PEACOCK C L, 2010. Surface complexation of Cu on birnessite ($\delta-MnO_2$): Controls on Cu in the deep ocean [J]. Geochimica et Cosmochimica Acta, 74: 6721-6730.

SHERMAN D M, LITTLE S H, VANCE D, 2015. Reply to comment on "Molecular controls on Cu and Zn isotopic fractionation in Fe-Mn crusts" [J]. Earth and Planetary Science Letters: 313-315.

SILVESTER E J, MANCEAU A, DRITS V A, 1997. The structure of monoclinic Na-rich birnessite and hexagonal birnessite. Part 2 Results from chemical studies and EXAFS spectroscopy [J]. American Mineralogist, 82: 962-978.

SUIB S L, 2008. Porous Manganese Oxide Octahedral Molecular Sieves and Octahedral Layered Materials [J]. Accounts of Chemical Research, 41 (4): 479-487.

TEBO B M, BARGAR J R, CLEMENT B G, et al., 2004. Biogenic manganese oxides: properties and mechanisms of formation [J]. Annual Review of Earth and Planetary Sciences, 32: 287-328.

VILLALOBOS M, 2006. Structural model for the biogenic Mn oxide produced by Pseudomonas putida [J]. American Mineralogist, 91 (4): 489-502.

VILLALOBOS M, 2014. The influence of particle size and structure on the sorption and oxidation behaviour of birnessite: ii. adsorption and oxidation of four polycyclic aromatic hydrocarbons [J]. Environmental Chemistry, 11 (3): 279.

VILLALOBOS M, BARGAR J. AND SPOSITO G, 2005a. Mechanisms of Pb (II) sorption on a biogenic manganese oxide [J]. Environmental Science Technology, 39: 569-576.

VILLALOBOS M, TONER B, BARGAR J, et al., 2003. Characterization of the manganese oxide produced by pseudomonas putida strain MnB1 [J]. Geochimica et Cosmochimica Acta, 67 (14): 2649-2662.

VODYANITSKII Y N, 2009. Mineralogy and geochemistry of manganese: a review of publications [J]. Eurasian Soil Science, 42: 1170-1178.

WANG Y, FENG X, VILLALOBOS M, et al., 2012. Sorption behavior of heavy metals on birnessite: relationship with its mn average oxidation state and implications for types of sorption sites [J]. Chemical Geology, 292-293 (1): 25-34.

WEBB S M, TEBO B M, BARGAR J R, 2005. Structural characterization of biogenic Mn oxides produced in seawater by the marine Bacillus sp. Strain SG-1 [J]. American Mineralogist, 90 (8-9): 1342-1357.

XIA G G, 2001. Transformation from layered to tunnel structures: synthesis, characterization, and applications of manganese oxide octahedral molecule sieves [M]. USA: University of Connceticut.

XIA G G, W TONG, TOLENTINO E N, et al., 2001. Synthesis and characterization of nanofibrous sodium manganese oxide with a 2 × 4 Tunnel Structure [J]. Chemistry of Materials, 13 (5): 1585-1592.

YIN H, FENG X H, QIU G H, et al., 2011a. Characterization of Co-doped birnessites and application for removal of lead and arsenite [J]. Journal of Hazardous Materials, 188: 341-349.

YIN H, LIU F, FENG X, et al., 2011b. Co^{2+}-exchange mechanism of birnessite and its application for the removal of Pb^{2+} and As (Ⅲ) [J]. Journal of Hazardous Materials, 196: 318-326.

YIN H, LIU F, FENG X, et al., 2013. Effects of Fe doping on the structures and properties of hexagonal birnessites-comparison with co and Ni doping [J]. Geochimica et Cosmochimica Acta, 117 (5): 1-15.

YIN H, TAN W F, ZHENG L R, et al., 2012. Characterization of Ni-rich hexagonal birnessite and its geochemical effects on aqueous Pb^{2+}/Zn^{2+} and As (Ⅲ) [J]. Geochimica et Cosmochimica Acta, 93: 47-62.

ZHAO W, CUI H, LIU F, et al., 2009a. Relationship between Pb^{2+} adsorption and average mn oxidation state in synthetic birnessites [J]. Clays and Clay Minerals, 57 (5): 513-520.

ZHAO W, FENG X, TAN W, et al., 2009b. Ding S. Relation of lead adsorption on birnessites with different average oxidation states of manganese and release of $Mn^{2+}/H^+/K^+$ [J]. Journal of Environmental Sciences, 21 (4): 520-526.

ZHAO W, WANG Q, LIU F, et al., 2010. Pb^{2+} adsorption on birnessite affected by Zn^{2+} and Mn^{2+} pretreatments [J]. The Journal of Soils and Sediments, 10 (5): 870-878.

专题 4　无机磷和有机磷在土壤矿物表面的吸附特性和机制

一、土壤磷素的界面反应

磷是植物生长所必需的营养元素之一，土壤中磷的含量及供给状况直接影响着植物的生产水平（张林等，2009；MacDonald et al., 2011；Kochian, 2012）。环境中，无机磷（磷酸盐，inorganic phosphate，IP）和有机磷（organic phosphate，OP）均是重要的磷库，广泛存在于各种土壤、沉积物中（Turner et al., 2002, 2006, 2012；Doolette et al., 2009；Vestergren et al., 2012；Shinohara et al., 2012）。通常，土壤中有机磷占总磷的30%~65%，而在高有机质土壤中可高达90%（Harrison, 1987）。磷素界面反应在一定程度上影响其地球化学行为和生态系统的生产效率（Bjerrum and Canfield, 2002；Sundareshwar et al., 2003；Turner et al., 2005）。无机磷和有机磷在土壤矿物表面的吸附、解吸和沉淀等界面反应影响和决定其在陆地和水环境中的形态、迁移和循环过程，并受到土壤学家、环境科学家的广泛关注（Arai and Sparks, 2007；Shen et al., 2011；Li et al., 2016a）。系统认识磷酸根的界面反应特性和影响因素对深入理解磷素的地球化学循环，调控土壤中磷的生物有效性、提高磷肥利用率、缓解磷资源危机与改善生态环境具有重要意义（严玉鹏等，2020）。

二、磷酸根在矿物表面的吸附

1. 磷酸根的吸附动力学和吸附热力学

磷酸根在矿物表面的吸附过程分为快反应与慢反应过程，快反应可以在数分钟或数秒内完成，大约有50%以上磷酸根被吸附固定，该过程中磷酸根的吸附反应主要发生在矿物表面位点（Arai and Sparks，2007；Luengo et al.，2006，2007；Wang et al.，2013b；Strauss et al.，1997）；而慢反应通常可以持续数小时到数个月（Arai and Sparks，2007；Luengo et al.，2006，2007；Wang et al.，2013b），该过程中磷酸根的吸附反应主要发生在矿物颗粒聚集体内部位点，并且通常由磷酸根向微孔或颗粒聚集体的扩散过程控制（Torrent et al.，1992；Willett et al.，1988；Wang et al.，2013b）。矿物的结晶度、形貌等特性影响快反应与慢反应过程（Torrent et al.，1990；Nilsson et al.，1992）。

根据表观活化能可以初步判定决定慢速吸附过程的限制因素。表观活化能（Ea）<21 kJ/mol 时，慢速吸附过程一般受水相中的扩散控制；Ea 范围在 20~40 kJ/mol 时，多受孔隙扩散控制；Ea 范围在 42~84 kJ/mol 时，则由化学反应和矿物表面性质控制（Sparks，2003；Luengo et al.，2007；Arai and Sparks，2007）。例如，磷酸根在针铁矿表面吸附反应的表观活化能为 33 kJ/mol，可知其慢速吸附过程受孔隙扩散控制（Luengo et al.，2006，2007）。

磷酸根在矿物表面的吸附动力学可用准一级动力学方程（Wang et al.，2013b）或三参数方程定量描述（Luengo et al.，2007）。磷酸根在矿物表面的吸附热力学特性可用 Langmuir 或 Freundlich 等方程拟合（Wang et al.，2013b；Yan et al.，2015a；Li et al.，2010；Li et al.，2013a）。Langmuir 等温线方程（常被用于模拟磷酸根在矿物表面的最大吸附密度）：

$$Q = Q_m \cdot K_L \cdot C / (1 + K_L \cdot C) \qquad (4-1)$$

其中，Q 是磷酸根的吸附密度（$\mu mol/m^2$），K_L 是结合强度参数（L/μmol），Q_m 是磷酸根的最大吸附密度（$\mu mol/m^2$），C 是磷酸根平衡浓度（$\mu mol/L$）（Li et al.，2010）。

Freundlich 方程：

$$Q = K_F \cdot C^b \qquad (4-2)$$

其中，Q 为吸附量，K_F 为平均亲和力常数，b 为吸附强度指数，代表表面位点的异质性（不均一性），反映了矿物表面位点的亲和力。

2. 磷酸根吸附的影响因素

（1）体系 pH　磷酸盐在金属（氧）氢氧化物和层状硅酸盐矿物表面以

及土壤中的吸附通常随 pH 值的降低而增加。磷酸根在土壤组分上的吸附受土壤矿物净表面电荷密度和磷酸根的化学形态的影响（图 4-1），而磷酸根的化学形态又取决于本体溶液的 pH（pH_b）。一般说来，无机矿物对磷酸根的吸附随 pH_b 的降低而增加（Arai and Sparks，2007）。在大多数环境 pH 值 4~8 下，磷酸根主要以阴离存在，并且氧化铁和氧化铝矿物的 PZC 分别为 6.5~8.5 和 8.2~9.1，金属氧化物带正电荷。因此，当 pH_b 小于 PZC 时，磷酸根通过静电相互作用强烈地吸附在金属氧化物表面上；当 pH_b 大于 PZC 时，磷酸根则主要通过配体交换被吸附（Arai and Sparks，2007）。

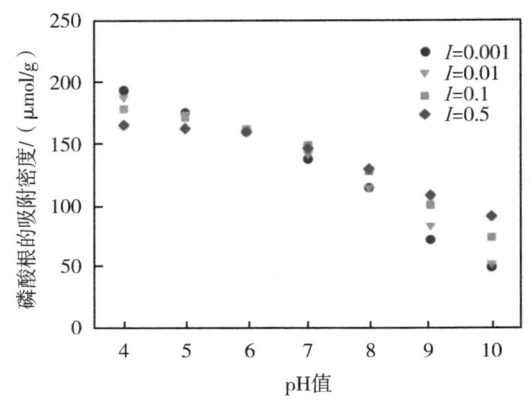

图 4-1 不同离子强度条件下磷酸根在勃姆石表面的
pH 吸附（Li et al.，2013）（彩图见文后彩插）

（2）温度 体系温度影响磷酸根在矿物表面的吸附量和吸附速率。例如，pH 值为 5 时，三水铝石对磷的吸附随温度升高而增加（2℃、12℃、22℃和 45℃），活化能为（63±4）kJ/mol，表明反应受化学过程控制，而非物理过程（van Riemsdijk and Lyklema，1980）。在 pH 值为 8 时，δ-MnO_2 对磷的吸附动力学受温度影响，当温度从 5℃升高到 35℃，磷的吸附速率和吸附量增加（Yao and Millero，1996）。磷酸根在针铁矿表面的吸附随着温度的增加而增大（Madrid and Posner，1979；Luengo et al.，2007）。此外，在 pH 值为 3~7 时，β-MnO_2 对磷酸根的吸附随着温度（293~313 K）的升高而降低，磷酸根在所研究的温度下形成外圈络合物；且 $\Delta H°$、$\Delta S°$ 和 $\Delta G°$ 等吸附热力学参数表明低温和低 pH 条件有利于矿物吸附磷酸根（Mustafa et al.，2008）。

(3) **离子强度**　离子强度影响磷酸根在矿物表面的吸附密度。研究发现，不同离子强度下磷酸根在针铁矿表面的吸附密度随 pH 值的变化曲线相交于某一特征 pH 点，当介质 pH 值大于该交点的 pH 值时，磷酸根吸附密度随离子强度的增加而增大；当介质 pH 值小于该交点的 pH 值时，磷酸根吸附密度随离子强度呈相反的变化趋势（Barrow et al., 1980；徐仁扣等, 2014）。不同离子强度下磷酸根吸附密度随 pH 变化曲线的交点靠近矿物的等电点（IEP）产生变化：当介质 pH 值高于矿物的 IEP 时，矿物表面带净负电荷，扩散层中的反号离子为阳离子。此时吸附面上的静电电位与表面净电荷一致，也为负值。随着离子强度的增加，扩散层中的反号离子浓度增加，吸附面上的反号离子浓度也随之增加，导致吸附面上静电电位的绝对值减小，对阴离子的排斥力减小，阴离子（磷酸根）在较高离子强度时更易通过吸附面，因而其吸附密度增大（Barrow et al., 1980；徐仁扣等, 2014）。当介质 pH 值小于矿物的 IEP 时，情况正好相反。此时矿物表面带净正电荷，反号离子为阴离子，吸附面上的静电电位为正值。随着离子强度的增加，扩散层中和吸附面上反号离子（阴离子）浓度增加，吸附面上的静电电位减小，对磷酸根的静电引力减小，因此，磷酸根吸附密度随离子强度的增加而下降（Barrow et al., 1980；徐仁扣等, 2014）。

(4) **矿物特性**　不同矿物或不同方法合成的相同矿物具有不同的矿物性质。磷酸根在矿物表面的吸附特性受矿物结晶度、类型、结晶尺寸和形貌等因素的影响（Wang et al., 2013a；Yan et al., 2015a）。Torrent et al. (1990) 研究了 31 种合成针铁矿对磷酸根吸附特性，这些针铁矿的比表面积、晶体形貌及掺杂的 AlOOH 摩尔分数差异很大。在 pH 值为 6 条件下，这些针铁矿单位表面积对磷酸根的吸附量相似，表明不同晶面具有相似吸附能力。在一定 pH 范围内，8 种表面积为 $18 \sim 132 \ m^2/g$ 的针铁矿与磷酸盐反应达到平衡的时间和程度取决于矿物的结晶度（Strauss et al., 1997）。

3. 磷酸根在矿物表面的吸附机制

对磷酸根在矿物表面吸附机制的认识高度依赖于各种分析技术和方法，如基于 OH^- 释放的化学计量分析、Zeta 电位（电泳迁移率）测试、等温滴定量热法、原子力显微镜（atomic force microscope，AFM）、核磁共振波谱（nuclear magnetic resonance，NMR）、光谱技术〔X 射线光电子能谱

(XPS)、傅里叶变换红外光谱（FTIR）和 XAS］、表面络合模型（SCM）和量子化学计算。各技术均有其独特之性，也存在一定的局限性，对于不同的吸附反应体系，选择不同的技术或联合应用不同的技术方法，发挥各自的优势，可以获取更清楚的配位信息，有利于解释磷酸根在矿物表面的界面反应机制。

原子力显微镜可直接"观察"磷酸根在针铁矿、碳酸钙等矿物表面形成铁磷、钙磷沉淀的过程，原位揭示可溶性磷在矿物表面固定、磷酸钙与铁磷沉淀形成及其溶解等动力学过程和微观机制，有助于理解土壤中溶解性磷酸盐的转化和迁移（Wang et al., 2012）。

红外光谱是一种基于分子振动的光谱技术。处于不同化学环境的分子（离子）基团其振动频率存在差别，通过观察磷酸根的红外吸收峰可以分辨其化学环境，揭示其在环境界面的吸附构型和机制（李伟等，2011）。红外光谱对磷酸盐配位环境和分子对称性非常敏感，可以揭示磷酸根的吸附机制，区分内圈和外圈络合物，其原理是基于不同络合物的分子对称性不同，红外吸附峰存在差异。近 20 年来，ATR-FTIR 的发展很快，并对磷酸根在矿物（尤其是针铁矿、赤铁矿和水铁矿）表面的吸附构型及质子化状态有了更清楚的认识（Arai and Sparks, 2001; Elzinga and Sparks, 2007）。ATR-FTIR 研究表明，在 pH 值≥7.5 时，磷酸根在水铁矿表面形成非质子化的双齿双核内圈络合物（$\equiv Fe_2PO_4$）。在 pH 值为 4~6 时，吸附密度为 0.38 $\mu mol/m^2$ 或 2.69 $\mu mol/m^2$ 时，形成质子化的内圈络合物（Arai and Sparks, 2001）。

固态核磁共振波谱非常适合测定吸附在矿物表面上的磷酸盐的化学环境。由于其化学位移（δ_{P-31}）与化学结构尤其是配位结构具有一定对应性，传统的单脉冲核磁共振技术可以基于它们的化学位移来区分内圈络合物、外圈络合物和表面沉淀物（Bleam et al., 1991; Lookman et al., 1994, 1997; Johnson et al., 2002; Kim and Kirkpatrick, 2004）。铝氧化物的结晶度、体系 pH、磷酸根浓度以及反应时间是影响磷酸根在其表面吸附的重要因素。仅仅基于各向同性的化学位移很难明确区分双齿和单齿表面络合物，而利用核磁双共振技术能够对磷酸根在矿物表面的分子构型、质子化状态做出更深入的分析（Li et al., 2010, 2013a）。Li et al.（2010）利用核磁双共振技术和二维杂核相关核磁谱等技术，研究了磷酸根在勃姆石表面的吸附，通过减少吸附样品反应时间，观察到吸附在勃姆石表面磷酸根的核磁谱有 $\delta_P=0$ 和 $\delta_P=-6$ 两条共振峰，并应用核磁双共振技术成功地证实了两个共振峰均属于双齿双核表面配合物，结合量子化学计算进一步将 $\delta_P=0$ 和 $\delta_P=-6$ 两个共振峰分别归属为去质子化吸附磷和质子化吸附磷（Li et al.，2010）。

X 射线吸收精细结构光谱（X-ray absorption fine structure，XAFS）是一种基于同步辐射 X 射线光源的结构分析方法，分为 X 射线吸收近边结构（XANES）和延展边 X 射线吸收精细结构（EXAFS）（图 4-2）。由于不同的磷酸盐样品，其磷 K 边 XANES 光谱差异较大，利用磷 K 边 XANES 可定量分析磷在矿物组分上的吸附分配。Khare et al.（2004）根据 XANES 谱的边前峰特征，判定磷酸根在水铁矿表面形成内圈络合物；线性叠加拟合（LCF）分析表明在水铁矿—勃姆石混合体系中 59%~97% 的磷酸根吸附在水铁矿表面，随着磷酸根吸附量的增加，吸附在水铁矿组分上的量呈线性增加；在较低磷酸根吸附量（0.1 mol/kg）时，磷优先吸附于水铁矿表面；吸附量（0.2~0.6 mol/kg）适中条件下，磷酸根在矿物表面的吸附没有偏

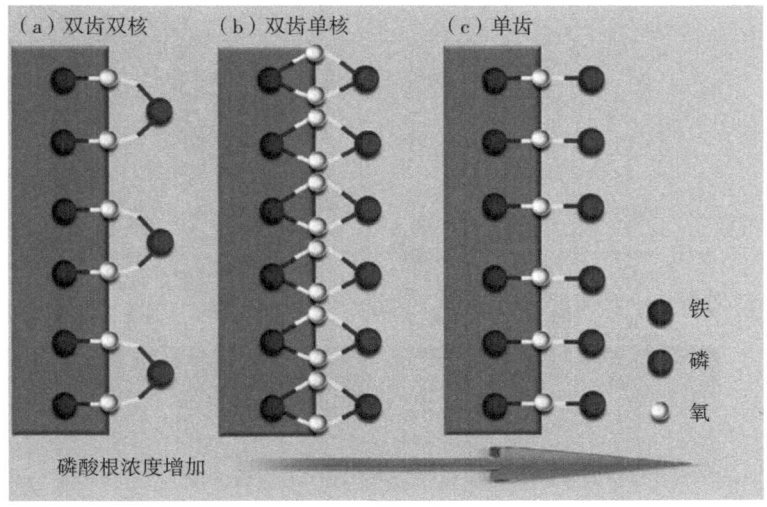

图 4-2　基于 P-EXAFS 数据提出的磷酸根在针铁矿表面吸附模型（Abdala et al.，2015a）（彩图见文后彩插）

好；在较高磷酸根吸附量（1.3 mol/kg）时，可能形成磷酸铝表面沉淀（Khare et al.，2004）。磷 K 边 XANES/EXAFS 可定性分析磷在矿物表面的配位机制、磷酸根的吸附—沉淀转化。磷 K 边 EXAFS 分析表明，pH 值为 4.5，磷酸根在针铁矿—水界面处形成双齿单核、双齿双核和单齿单核表面络合物，不同表面络合物的比例受磷酸根表面负荷影响（图 4-2）。观察到 P-O 间距是 1.51~1.53 Å，双齿双核的 P-Fe 间距是 3.2~3.3 Å，单核表面络合物的 P-Fe 间距是 3.6 Å。最短的 P-Fe 间距是 2.83~2.87 Å，表明是双齿单核键合构型（Abdala et al.，2015a）。

4. 多元体系中磷酸根在矿物表面的吸附特性

土壤环境中，各种配体，如胡敏酸（HA）、富里酸（FA）、砷酸根和柠檬酸等，与磷酸盐同时存在（图 4-3）。各种配体可通过位点竞争、静电作用和空间位阻效应抑制磷酸根在矿物表面的吸附（Wang et al.，2013b；Borggaard et al.，2005；Weng et al.，2008；Geelhoed et al.，1998）。

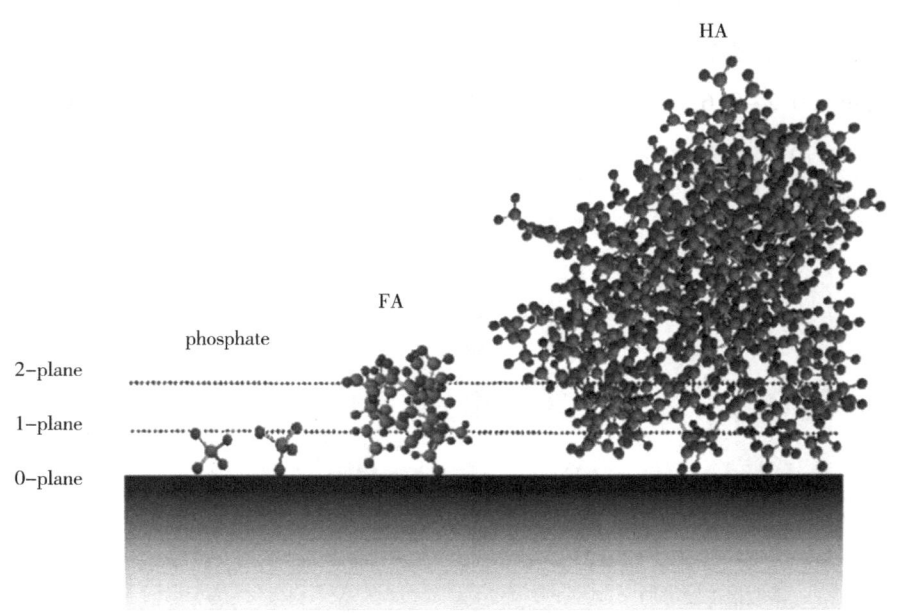

图 4-3 磷酸根、FA 和 HA 吸附在针铁矿表面，扩展的 Stern 模型用于描述双电层的结构（Weng et al.，2008）（彩图见文后彩插）

无机阴离子（如砷酸根、硫酸根和氟离子等）影响磷酸根在矿物表面的吸附，且受矿物类型、添加顺序等因素的影响。低分子量有机酸的种类、体系 pH、有机酸与磷酸根的添加顺序影响多元体系中磷酸根的吸附特性。有机酸中羧酸基团的数量和这些基团的相对位置影响其对磷酸根的竞争效率。

天然有机质（NOM），如 HA 和 FA 等，在土壤、沉积物等环境中大量存在，影响磷酸根在土壤矿物表面的吸附。例如，有研究报道（溶解性）NOM 从 0.5 mg/L 增加到 50 mg/L 可导致铁氧化物对磷酸根的吸附量减少 50% 以上（Weng et al., 2012）。添加 HA 可显著降低针铁矿对磷酸根的吸附量（达 27.8%），产生的静电效应和竞争吸附位点都是造成 HA 抑制针铁矿吸附磷酸根的原因（Antelo et al., 2007；Fu et al., 2013）。

不同类型 NOM 对磷酸根在矿物表面吸附的影响存在明显差异。HA 虽然与针铁矿结合能力强，但对磷在针铁矿表面吸附的影响较小，FA 则相反（Weng et al., 2008）。由于空间位阻效应，FA 与针铁矿表面更近，对磷酸盐吸附的影响更强；吸附态 FA 和磷酸根之间的静电相互作用比 HA 和磷酸根之间的更大（图 4-3）（Weng et al., 2008；Deng et al., 2019）。

三、有机磷吸附—解吸的影响因素和反应特性

有机磷化合物种类繁多，不同有机磷相对分子质量差异大。相对于正磷酸，有机磷化合物一般分子结构较大，电荷密度高，且含有有机官能团（Turner et al., 2005）。目前，有关有机磷在矿物表面吸附—解吸的研究一般只涉及相对分子质量较小的化合物，如植酸、甘油磷酸、一磷酸腺苷、葡萄糖-6-磷酸（G6P）等（Olsson et al., 2010；Yan et al., 2014a；Ruttenberg and Sulak, 2011；Yan et al., 2014b）。同正磷酸根一样，有机磷化合物一般通过一个或多个磷酸基团与矿物表面发生相互作用，其反应特性受体系 pH 条件、有机磷和矿物特性、共存配体、温度和离子强度等因素的影响。

1. 有机磷的吸附动力学

有机磷在矿物表面的吸附起始经历快速吸附阶段，极短时间（数分钟）内达到一定的吸附量，随后是一个较长时间（数小时至数天，甚至数

月）的慢吸附过程（Lü et al.，2017；Li et al.，2018；Yan et al.，2014b，2014c；Ruttenberg and Sulak，2011），这与无机磷（正磷酸）在矿物表面的吸附过程类似（Wang et al.，2013a，2013b；Li et al.，2013a）。快速反应主要是受配体交换控制，当环境条件利于解吸的时候，吸附的磷可以再次释放，即快速反应一般是可逆的；慢速反应是扩散吸附，一般为不可逆过程（Ruttenberg and Sulak，2011）。

2. pH 对有机磷吸附的影响

随 pH 的变化，有机磷的质子化程度和可变电荷矿物表面电荷特性改变，因此反应体系 pH 是影响有机磷的吸附行为的重要因素。反应体系 pH 升高，铁氧化物表面的正电荷密度降低，有机磷在矿物表面的吸附密度降低（Lü et al.，2017；Li et al.，2018；Yan et al.，2014c；Johnson et al.，2012），与正磷酸在矿物表面的吸附趋势一致（Antelo et al.，2010；Li et al.，2010，2013a）。pH 值为 3、5 和 7，针铁矿对甘油磷酸（GP）的最大吸附密度分别为 2.00 $\mu mol/m^2$、1.95 $\mu mol/m^2$ 和 1.44 $\mu mol/m^2$；随着 pH 值从 3 增加至 10，针铁矿对 GP 的吸附减少（Li et al.，2018）。植酸（IHP）、G6P、一磷酸腺苷（AMP）、三磷酸腺苷（ATP）等有机磷在针铁矿和赤铁矿表面的吸附密度随着 pH 的升高而降低（Johnson et al.，2012；Yan et al.，2014c；Lü et al.，2017）。

3. 有机磷和矿物特性对有机磷吸附的影响

有机磷的分子尺寸或分子质量、矿物的结晶度和颗粒尺寸影响有机磷的吸附行为（Ruttenberg and Sulak，2011；Yan et al.，2014b）。Ruttenberg 和 Sulak（2011）研究了 ATP、AMP、G6P 和氨乙基磷酸 4 种有机磷以及无机磷在赤铁矿、针铁矿和水铁矿表面的吸附，发现有机磷在铁氧化物表面的吸附随结晶度的升高而降低，最大吸附密度一般随分子量的增大而减小。单位质量（氢）氧化铝对有机磷最大吸附量顺序为：无定形氢氧化铝（AAH）＞勃姆石（γ-AlOOH）＞刚玉（α-Al_2O_3）（Yan et al.，2014a，b）。除 IHP 在 AAH 上的吸附外，有机磷和无机磷（P_i）在（氢）氧化铝表面的吸附密度随相对分子质量增大而减小：P_i＞GP＞G6P＞ATP＞IHP。尽管 IHP 的分子尺寸最大，AAH 对 IHP 的吸附量却远大于其他有机磷，这可能是由于 IHP 表面络合物转化成了表面沉淀。AAH 对有机磷的起始快速吸附密度最大，不同有机磷在铝氧化物表面的起始快速吸附密度与相对分子质量成反比（Yan et al.，2014b；Barrow et al.，2015）。此外，随着颗粒尺寸的减小，γ-Al_2O_3 对 IHP 和 P_i 的最大吸附密度增加；亲和力常数也随矿物尺寸的降低而增大，γ-Al_2O_3 对 IHP 的亲和力常数较 P_i 的大 10 倍以上，这表明 IHP/P_i 与 Al_2O_3 等纳米氧化物的表面反应活性与矿物颗粒尺寸密切相关（Yan et al.，2015a）。此外，研究发现由于矿物组成的不同，土壤类型影响其对植酸的吸附（Fuentes et al.，2014）。

4. 共存配体对有机磷吸附的影响

胡敏酸（HA）和低分子量有机酸等共存配体也影响有机磷的吸附。HA 和 IHP 加入顺序影响三水铝石和高岭石对 IHP 和 HA 的吸附，且对三水铝石的影响比对高岭石的影响更明显。pH 值<9 时，先添加 HA，IHP 吸附减少，而在整个 pH 范围内 HA 吸附减少。向吸附 IHP 的矿物体系添加 HA 对 IHP 的吸附几乎没有影响，但 HA 吸附减少。HA 和 IHP 吸附的减少最可能是由于表面可用位点的降低和表面上带负电荷的 HA 和 IHP 间的静电排斥。解吸实验表明，IHP 与三水铝石表面强烈结合，特别是在 pH 值为 6 时，即使在 HA 存在下，IHP 的解吸也微乎其微（Ruyter-Hooley et al.，2016）。另外，低分子量有机酸抑制了磷化合物的吸附，抑制效果随着羧基数量的增加和分子体积的增加而增加（Lü et al.，2017）。

5. 温度和离子强度对有机磷吸附的影响

温度、离子强度等因素也影响有机磷的吸附行为。磷化合物在铁氧化物表面的吸附密度随温度的升高而增加，表明吸附过程是吸热和自发的（Lü et al.，2017）。pH 值为 3～10 时，吸附 IHP 后赤铁矿表面均带负电荷，吸附随离子强度的升高而增大（Yan et al.，2014c）。热力学分析表明，植酸在水处理残留物（含有石英、方解石、铁/铝氧化物等）上的吸附是自发的、吸热的和熵驱动的反应（Qiu et al.，2018）。

6. 共存金属离子的影响

体系共存金属离子影响有机磷的吸附。金属离子共存体系中涉及的吸附机制主要包括形成三元表面络合物和表面沉淀等（Wan et al.，2017；Yan et al.，2018a，2018b；Ruyter-Hooley et al.，2016，2017）。相对于赤铁矿—植酸体系，在赤铁矿、IHP、Cd（Ⅱ）三元体系中，Cd（Ⅱ）促进了赤铁矿对 IHP 的吸附，在较高的 pH 值下，增强效果更明显，这使得赤铁矿对 IHP 随 pH 值升高反而增大；共存的 IHP 也促进赤铁矿对 Cd（Ⅱ）的吸附（Wan et al.，2017）。ATR-FTIR 光谱表明形成两种结构不同的三元表面络合物（Hm-IHP-Cd 和 Hm-Cd-IHP-Cd）（Wan et al.，2017）。IHP 的存在促进 Zn（Ⅱ）在针铁矿表面的吸附，同样，Zn（Ⅱ）也促进 IHP 的吸附；三元体系中有机磷和金属离子的吸附容量和机制不同于单一的针铁矿-IHP 或针铁矿-Zn（Ⅱ）二元体系，红外光谱分析表明，存在 Zn（Ⅱ）时，针铁矿表面吸附 IHP 形成了 Gt-IHP-Zn 三元络合物（Yan et al.，2018b）。$\gamma-Al_2O_3$ 预吸附 IHP 后促进了对 Zn（Ⅱ）的吸附，$\gamma-Al_2O_3$ 预吸附 IHP 抑制锌-铝 LDH 的形成；固态 ^{31}P NMR 分析表明，随着 Zn（Ⅱ）浓度或 pH 值的增加，IHP 的存在形态发生变化，即从内圈表面络合物先转化为三元表面络合物，进而再转化为植酸锌沉淀；EXAFS 分析表明，pH 值为 7 时，随着 Zn（Ⅱ）浓度的增加，二元或三元络合物形态的 Zn（Ⅱ）含量降低，而锌-铝 LDH 形态的 Zn（Ⅱ）含量增加（图 4-4）（Yan et al.，2018a）。在 pH 值在 8 以下时，植酸显著增加 Cd（Ⅱ）在三水铝石表面的吸附，Cd（Ⅱ）和植酸浓度越高，Cd（Ⅱ）吸附量越大；^{31}P NMR MAS 光谱和扩展恒定电容表面络合模型表明形成了两种外圈三元表面络合物（Ruyter-Hooley et al.，2016）。pH 值为 4~8 时，植酸显著增加了高岭石对 Cd（Ⅱ）的吸附，扩展恒定电容表面络合模型表明，植酸和 Cd（Ⅱ）共吸附体系中，植酸在高岭石表面形成内圈和外圈络合物，以及两种三元表面络合物；在较高 pH 值下，Cd（Ⅱ）的吸附受到抑制，可能是由于可溶性 Cd（Ⅱ）-IHP 络合物（Ruyter-Hooley et al.，2017）。可见，有机磷和金属离子在矿物表面的吸附一般存在协同效应（尤其是在低 pH 值条件下），即金属离子促进了有机磷的吸附，有机磷也促进了金属离子的固定。吸附机制因反应体系而异，多数时候存在多种机制的共同作用。

7. 有机磷在矿物表面的解吸

有机磷在矿物表面的解吸特性影响其迁移和转化，对有机磷解吸特性的认识有助于了解有机磷的生物地球化学循环。研究表明，矿物类型、解吸剂类别、预吸附时间、磷化合物类型等均影响有机磷及无机磷的解吸程度（Shang et al.，2013；Ruttenberg and Sulak，2011；Goebel et al.，2017；

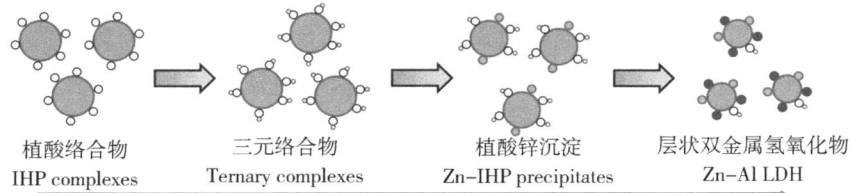

**图 4-4 植酸与锌离子在 γ-氧化铝表面的共吸附机制简图
（Yan et al., 2018a）**（彩图见文后彩插）

Yan et al., 2014b）。植酸在几种矿物表面的吸附量大于无机磷，且其解吸程度小于无机磷；几种矿物表面吸附态植酸和无机磷解吸程度：针铁矿＜三水铝石＜高岭石＜蒙脱石（Shang et al., 2013）。可见，铁铝氧化物表面吸附的有机磷比黏土矿物表面吸附的有机磷更难解吸。预吸附时间越长，解吸量越少，水铁矿经过 7 天的预吸附后，解吸的有机磷的量比经 1 天预吸附的解吸量少 14%；相对于无机磷，预吸附时间对有机磷的生物有效性的影响更大（Ruttenberg and Sulak, 2011）。与磷酸盐相比，G6P 的初始解吸速率更高；可能是由于孔径效应 G6P 优先吸附在外表面，G6P 可能比磷酸盐的生物有效性更高（Goebel et al., 2017）。

不同解吸剂的对比研究有助于认识不同环境条件下有机磷的迁移扩散特性。水和 $CaCl_2$ 对几种矿物表面吸附植酸的解吸量很少，Mehlich Ⅲ 试剂和酸性草酸铵提取的磷相当（Shang et al., 2013）。H_2O 解吸过程中，表面电荷屏蔽作用弱，吸附态磷分子间静电斥力大，故解吸率比 0.02 mol/L KCl 的稍高（Yan et al., 2015b）。柠檬酸主要通过配体交换解吸针铁矿/赤铁矿表面吸附的植酸和磷酸根，解吸随 pH 值降低而增大，解吸率远高于 H_2O 和 0.02 mol/L KCl 溶液（Yan et al., 2014b, 2014c, 2015b）。解吸等温线表明，KCl 和 H_2O 对针铁矿吸附 IHP/P_i 的解吸曲线符合指数方程，而柠檬酸解吸曲线符合直线方程（Yan et al., 2015b）。此外，IHP 通过多个磷酸基与针铁矿表面络合，吸附亲和力比 P_i 强，0.02 mol/L 的 KCl、H_2O 以及柠檬酸对 IHP 的解吸率较 P_i 低（Yan et al., 2015b）。

8. 有机磷在矿物表面的吸附机制

对有机磷在矿物表面吸附机制的认识有助于深入理解其吸附行为。在无机磷吸附机制研究中广泛用到的一些技术或方法，如原位的衰减全反射—傅里叶变换红外光谱（ATR-FTIR）、核磁共振波谱（NMR）和原子力显微镜（AFM）及X射线吸收近边结构（XANES）等，近年也不断用于揭示有机磷在矿物表面的吸附—解吸机制。有机磷在矿物表面的吸附机制与无机磷类似，一般形成内圈络合物（某些情况下还存在氢键作用），或同时形成内圈络合物和表面沉淀（Olsson et al., 2010；Li et al., 2018；Johnson et al., 2012；Yan et al., 2014a, 2014c；Wang et al., 2017）。

（1）有机磷在矿物表面的络合吸附　一般来说，葡萄糖—磷酸（G1P）、GP和IHP等有机磷在针铁矿、赤铁矿和TiO_2等晶质矿物表面形成内圈络合物，在有些反应体系还存在一定的氢键作用（Olsson et al., 2010；Li et al., 2018；Johnson et al., 2012；Yan et al., 2014c；Wan et al., 2016c，STE）。ATR-FTIR光谱是解析有机磷在矿物表面吸附机制的重要技术之一。ATR-FTIR光谱分析表明，葡萄糖-1-磷酸（G1P）在针铁矿上形成与pH相关的3种表面络合物，络合物与表面铁原子单齿配位，但是氢键作用程度不同（图4-5）；表面配位结构和表面电荷是影响G1P解吸速率的两个重要因素（Olsson et al., 2010）。ATR-FTIR光谱进一步的研究发现，酸性磷酸酶可水解针铁矿表面吸附的G1P，并释放葡萄糖到溶液中，而水解产生的磷酸根又被吸附到针铁矿表面；酸性磷酸酶对针铁矿表面吸附的G1P的水解速率与对溶液中G1P的水解速率一致（Olsson et al., 2012）。矿物表面能够有效地浓缩底物和酶，从而创造具有高酶活性的生物化学环境（Olsson et al., 2012）。而红外光谱和表面络合模型研究表明—甲基磷酸在针铁矿表面形成3种pH有关的且受氢键作用的单齿内圈络合物（Persson et al., 2012）。类似地，Zeta电位测试、ATR-FTIR光谱分析表明，GP在针铁矿表面形成了内圈络合物（Li et al., 2018）。

环境中的重要有机磷IHP在矿物表面的配位机制也受到诸多学者的关注。吸附—解吸实验、ζ电位测试和ATR-FTIR分析表明，IHP在赤铁矿吸附形成内圈表面络合物，可能通过2个磷酸基与矿物表面配位（Yan et al., 2014c）。然而也有学者利用ATR-FTIR分析植酸在针铁矿表面的吸附，并认

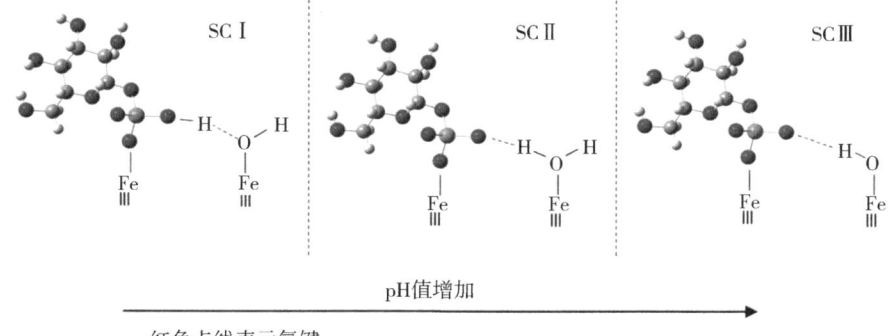

红色点线表示氢键

图 4-5 葡萄糖-1-磷酸在针铁矿表面的吸附机制简图
（Olsson et al., 2010）（彩图见文后彩插）

为植酸在针铁矿表面可形成外圈络合物,且氢键起到重要作用（Johnson et al., 2012）。此外，Zeta 电位测量, ATR-FTIR 和 NMR 光谱研究表明, IHP/P_i 在 TiO_2 表面形成内圈络合物, 在 pH 值为 5.0 时, P_i/IHP 吸附密度的比值（1.528∶0.453）接近 3, 表明 IHP 可能通过其 6 个磷酸基团中的 3 个与 TiO_2 表面结合（Wan et al., 2016c）。类似地, 吸附实验、Zeta 电位测量和 ATR-FTIR 光谱分析表明, 植酸通过其 6 个磷酸基团中的 4 个与 CeO_2 表面结合（Wan et al., 2016b）。

（2）有机磷在矿物表面的沉淀与固定　在水铁矿和无定形氢氧化铝等弱晶质矿物以及碳酸钙等体系中, IHP 和 G6P 等有机磷在矿物表面形成络合物, 同时有机磷可促进矿物的溶解并转化形成有机磷沉淀物。多种技术的联合运用, 有利于深入分析有机磷在矿物表面的吸附—沉淀过程及机制。磷 K 边 XANES 和 ^{31}P NMR 表明, IHP 在水铁矿—水界面形成内圈络合物（Chen and Arai, 2019）。而磷和铁 K 边 XANES、差分配对分布函数（d-PDF）、ATR-FTIR 以及基于同步辐射的 XRD 等技术综合表明, 随着磷酸盐和植酸在水铁矿表面吸附量的增加, 吸附机制由双齿双核表面配位物向三元配位以及无定形磷酸铁和无定形植酸铁沉淀过渡（Wang et al., 2017b）。在一定的磷吸附量下, 磷酸盐比植酸盐更容易形成表面沉淀。磷酸盐和植酸都能强烈地促进水铁矿的溶解, 且植酸的促进效应更显著。此外, 无定形磷酸铁和无定形植酸铁具有相似的 PO_4^{3-} 局部配位环境（Wang et al., 2017b）。与水铁矿体系类似，在无定形氢氧化铝体系中有机磷也存在类似的吸附到沉淀的转化过程。吸附动力学和 OH^- 释放过程、Zeta 电位测试、原位 ATR-FTIR、XRD 和固态 $^{31}P/^{27}Al$ NMR 表明，IHP 首先通过配体交换（表面水基和羟基）吸附在无定形氢氧化铝（AAH）表面，形成内圈表面络合物，然后诱导 AAH 溶解产生的 Al^{3+} 进一步与 IHP 的磷酸基团络合形成三元络合物，并逐渐转化为类似于植酸铝（Al-IHP）的表面沉淀（Yan et al., 2014a）。pH、反应时间和 IHP 浓度影响上述转化过程（Yan et al., 2014a）。除了弱晶质矿物体系，在一些晶质氧化铝体系中，有机磷的吸附与沉淀过程也同时存在。核磁共振技术和表面络合模型研究表明，植酸在三水铝石表面同时形成外圈络合物、内圈络合物以及表面沉淀；在较高 pH 值时，外圈络合物比例更大，而在较低 pH 值时，内圈络合物和表面沉淀形态占主要优势（Ruyter-Hooley et al., 2015）。$^{31}P\ ^{27}Al$ NMR 分析表明，表面络合是 IHP/P_i 在较大尺寸 $\gamma-Al_2O_3$ 表面吸附的主要机制；IHP 在小尺寸（5 nm）$\gamma-Al_2O_3$ 表面除形成表面内圈络合物外，还生成 Al-IHP 表面沉淀，这是导致较小尺寸 $\gamma-Al_2O_3$ 吸附密度更大的重要原因之一（Yan et al., 2015a）。此外，在 pH 值≤4 时，IHP 在高岭石上形成内圈络合物和植酸铝沉淀，而在 pH 值≥5.5 时，IHP 在高岭石表面主要形成内圈络合物（Hu et al., 2020）。

在碳酸钙等不稳定矿物体系中，有机磷也容易发生沉淀。吸附实验、红外光谱，粉末 X 射线衍射（XRD），扫描电子显微镜和固态 ^{31}P NMR 分析表明，植酸和磷酸根在碳酸钙表面的吸附量接近，并且能够快速形成表面沉淀，植酸在矿物表面通过溶解—络合—沉淀过程形成球形无定形植酸钙，磷酸根在矿物表面通过溶解—沉淀过程形成板状结晶羟基磷灰石（Wan et al., 2016a）。除此之外，先进的 AFM 技术可观察有机磷在矿物表面形成沉淀的动力学过程，并认识沉淀的微观生长机制（Wang et al., 2016, 2017a）。

四、总结及展望

无机磷和有机磷在矿物表面的吸附—解吸特性受环境 pH、离子强度、温度、反应时间、矿物类型等多种因素共同的影响。一般矿物表面对磷素的吸附量随体系 pH 值降低而增加，受离子强度的影响较小。磷素在矿物表面的吸附动力学过程可分为快速吸附和慢速吸附过程，且在弱结晶矿物中存在微孔扩散过程。磷在矿物表面的解吸过程通常存在两个阶段（初始快速解吸和随后的缓慢解吸），在解吸反应后期甚至还会发生再吸附。磷的吸附特性也受共存阴离子或金属阳离子的影响。共存阴离子通过位点竞争、静电作用和空间位阻效应等机制影响磷的吸附，而共存金属离子可促进磷的吸附，磷素也可促进金属离子的固定；吸附机制因反应体系而异，主要包括表面静电效应、形成三元表面络合物和表面沉淀等，多数时候存在多种机制的共同作用。磷—矿物相互作用已经得到国内外众多研究者的关注，未来关于磷—矿物相互作用研究可着眼于以下几个方面。

揭示不同因素影响磷素在矿物表面吸附特性的内在机制。在认识磷—矿物表面吸附机制的基础上，定量描述单因素对磷吸附特性的影响，并解释潜在机制。结合相关模型工具进一步定量分析多因素对磷表面吸附—解吸特性的共同作用和影响，进而为定量描述、模型预测及深入认识从矿物复合体系到环境实际体系中磷的吸附—解吸特性提供依据。

研究体系需从矿物（复合）体系向环境实际体系过渡。在纯矿物体系的基础上，研究实际体系（如土壤胶体）中磷的吸附特性及相关因素的影响，以期对真实体系达到更精确的理解、更深入的认识，从而为描述和预测环境实际体系中磷的吸附—解吸特性提供支撑。

生物作用在磷素，尤其是有机磷的循环、转化过程中也起着重要作用，亟待研究微生物因素对有机磷吸附—解吸、沉淀—溶解以及水解转化的影响。如仍需研究铁还原细菌等厌氧微生物或磷酸酶存在条件下，有机磷在铁氧化物表面的吸附与解析、沉淀与溶解特性及机制。

对有机磷—矿物相互作用机制的认识是了解其环境行为的关键。有机磷在矿物表面吸附—解吸的微观分子机制有待进一步深入研究。此外，还待加强有机磷—矿物相互作用过程中，表面络合吸附与表面沉淀的定量区分，有机磷—矿物相互作用对有机磷的生物有效性及土壤矿物结构与演化的影响。

总之，深入并系统研究土壤磷与矿物的相互作用及其环境效应，有助于提高对环境中磷的分布、形态、生物有效性等方面的认识，有利于全面了解磷素的迁移、转化与生物地球化学循环。

参考文献

李伟，罗磊，张淑贞，2011. 应用先进光谱技术研究无机离子的环境界面化学 [J]. 化学进展，23（12）：2576-2587.

徐仁扣，李九玉，姜军，2014. 可变电荷土壤中特殊化学现象及其微观机制的研究进展 [J]. 土壤学报，51（2）：207-215.

张林，吴宁，吴彦，等，2009. 土壤磷素形态及其分级方法研究进展 [J]. 应用生态学报，20：1775-1782.

ABDALA D B, NORTHRUP P A, ARAI Y, et al., 2015a. Surface loading effects on orthophosphate surface complexation at the goethite/water interface as examined by extended X-ray Absorption Fine Structure (EXAFS) spectroscopy [J]. Journal of Colloid and Interface Science, 437: 297-303.

ANTELO J, ARCE F, AVENA M, et al., 2007. Adsorption of a soil humic acid at the surface of goethite and its competitive interaction with phosphate [J]. Geoderma, 138 (1-2): 12-19.

ANTELO J, FIOL S, PÉREZ C, et al., 2010. Analysis of phosphate adsorption onto ferrihydrite using the CD-MUSIC model [J]. Journal of Colloid and Interface Science, 347 (1): 112-119.

ARAI Y, SPARKS D L, 2001. ATR-FTIR spectroscopic investigation on phosphate adsorption mechanisms at the ferrihydrite-water interface [J]. Journal of Colloid and Interface Science, 241: 317-326.

ARAI Y, SPARKS D L, 2007. Phosphate reaction dynamics in soils and soil components: A multiscale approach [J]. Advances in Agronomy, 94: 135-179.

BARROW N J, BOWDEN J W, POSNER A M, et al., 1980. Describing the effects of electrolyte on adsorption of phosphate by a variable charge surface [J]. Australian Journal of Soil Research, 18: 395-404.

BARROW N J, FENG X, YAN Y, 2015. Describing specific adsorption of organic and inorganic phosphates by variable charge oxides [J]. European Journal of Soil Science, 66: 859-866.

BJERRUM C J, CANFIELD D E, 2002. Ocean productivity before about 1.9 Gyr ago limited by phosphorus adsorption onto iron oxides [J]. Nature, 417: 159-162.

BLEAM W F, PFEFFER P E, GOLDBERG S, et al., 1991. A ^{31}P solid-state nuclear magnetic resonance study of phosphate adsorption at the boehmite/aqueous solution [J]. Langmuir, 7: 1702-1712.

BORGGAARD O K, RABEN-LANGE B, GIMSING A L, et al., 2005. Influence of humic substances on phosphate adsorption by aluminium and iron oxides [J]. Geoderma, 127: 270-279.

CHEN A, ARAI Y, 2019. Functional group specific phytic acid adsorption at ferrihydrite-water interface [J]. Environmental Science & Technology, 53 (14): 8205-8215.

CONIDI D, PARKER W J, 2015. The effect of solids residence time on phosphorus adsorption to hydrous ferric oxide floc [J]. Water Research, 84: 323-332.

DENG Y, WENG L, LI Y, et al., 2019. Understanding major NOM properties controlling its interactions with phosphorus and arsenic at goethite-water interface [J]. Water Research, 157: 372-380.

DOOLETTE A L, SMERNIK R J, DOUGHERTY W J, 2009. Spiking improved solution phosphorus - 31 nuclear magnetic resonance identification of soil phosphorus compounds [J]. Soil Science Society of America Journal, 73: 919-927.

ELZINGA E J, SPARKS D L, 2007. Phosphate adsorption onto hematite: An *in-situ* ATR-FTIR investigation of the effects of pH and loading level on the mode of phosphate surface complexation [J]. Journal of Colloid and Interface Science, 308 (1): 53-70.

FU Z, WU F, SONG K, et al., 2013. Competitive interaction between soil-derived humic acid and phosphate on goethite [J]. Applied Geochemistry, 36: 125-131.

FUENTES B, MORA M, BOL R, et al., 2014. Sorption of inositol hexaphosphate on desert soils [J]. Geoderma, 232-234: 573-580.

GEELHOED J S, HIEMSTRA T, VAN RIEMSDIJK W H, 1998. Competitive Interaction between Phosphate and Citrate on Goethite [J]. Environmental Science & Technology, 32 (14): 2119-2123.

GOEBEL M, ADAMS F, BOY J, et al., 2017. Mobilization of glucose-6-phosphate from ferrihydrite by ligand-promoted dissolution is higher than of orthophosphate [J]. Journal of Plant Nutrition and Soil Science, 180 (3): 279-282.

HARRISON A F, 1987. Soil organic phosphorus—a review of world literature. Wallingford, Oxon, UK: CAB Int.

HU Z, JAISI D P, YAN Y, et al., 2020. Adsorption and precipitation of *myo*-inositol hexakisphosphate onto kaolinite [J]. European Journal of Soil Science, 71 (2): 226-235.

JOHNSON B B, IVANOV A V, ANTZUTKIN O N, et al., 2002. ^{31}P nuclear magnetic resonance study of the adsorption of phosphate and phenyl phosphates on γ-Al_2O_3 [J]. Langmuir, 18 (4): 1104-1111.

JOHNSON B B, QUILL E, ANGOVE M J, 2012. An investigation of the mode of sorption of inositol hexaphosphate to goethite [J]. Journal of Colloid and Interface Science, 367: 436-442.

KHARE N, HESTERBERG D, BEAUCHEMIN S, et al., 2004. XANES determination of adsorbed phosphate distribution between ferrihydrite and boehmite in mixtures [J]. Soil Science Society of America Journa, 68 (2): 460-469.

KIM Y, KIRKPATRICK R, 2004. An investigation of phosphate adsorbed on aluminium oxyhydroxide and oxide phases by nuclear magnetic resonance [J]. European Journal of Soil Science, 55 (2): 243-251.

KOCHIAN L V, 2012. Rooting for more phosphorus [J]. Nature, 488: 466-467.

LI H, WAN B, YAN Y, et al., 2018. Adsorption of glycerophosphate on goethite (α-FeOOH): A macroscopic and infrared spectroscopic study [J]. Journal of Plant Nutrition and Soil Science, 181: 557-565.

LI M, LIU J, XU Y, et al., 2016a. Phosphate adsorption on metal oxides and metal hydroxides: A comparative review [J]. Environmental Reviews, 24 (3): 319-332.

LI W, FENG J, KWON K D, et al., 2010. Surface speciation of phosphate on boehmite (γ-AlOOH) determined from NMR spectroscopy [J]. Langmuir, 26: 4753-4761.

LI W, FENG X, YAN Y, et al., 2013a. Solid state NMR spectroscopic study of phosphate retention mechanisms on aluminum (hydr) oxides [J]. Environmental Science & Technology, 47: 8308-8315.

LIU Y, HESTERBERG D, 2011. Phosphate bonding on noncrystalline Al/Fe-hydroxide coprecipitates [J]. Environmental Science & Technology, 45 (15): 6283-6289.

LOOKMAN R, GROBET P, MERCKX R, et al., 1994. Phosphate sorption by synthetic amorphous aluminum hydroxides: A ^{27}Al and ^{31}P solid-state MAS NMR spectroscopy study [J]. European Journal of Soil Science, 45 (1): 37-44.

LOOKMAN R, GROBET P, MERCKX R, et al., 1997. Application of ^{31}P and ^{27}Al MAS NMR for phosphate speciation studies in soil and aluminium hydroxides: Promises and constraints [J]. Geoderma, 80 (3/4): 369-388.

LUENGO C, BRIGANTE M, ANTELO J, et al., 2006. Kinetics of phosphate adsorption on goethite: Comparing batch adsorption and ATR-IR measurements [J]. Journal of Colloid and Interface Science, 300: 511-518.

LUENGO C, BRIGANTE M, AVENA M, 2007. Adsorption kinetics of phosphate and arsenate on goethite. A comparative study [J]. Journal of Colloid and Interface Science, 311: 354-360.

LÜ C, YAN D, HE J, et al., 2017. Environmental geochemistry significance of organic phosphorus: An insight from its adsorption on iron oxides [J]. Applied Geochemistry, 84: 52-60.

MACDONALD G K, BENNETT E M, POTTER P A, et al., 2011. Agronomic phosphorus imbalances across the world's croplands [J]. Proceedings of the National Academy of Sciences, 108: 3086-3091.

MADRID L, POSNER A M, 1979. Desorption of phosphate from goethite [J]. Journal of Soil Science, 30: 697-707.

MUSTAFA S, ZAMAN M I, KHAN S, 2008. Temperature effect on the mechanism of phosphate anions sorption by β-MnO_2 [J]. Chemical Engineering Journal, 141: 51-57.

NILSSON N, LÖVGREN L, SJÖBERG S, 1992. Phosphate complexation at the surface of goethite [J]. Chemical Speciation & Bioavailability, 4: 121-130.

OLSSON R, GIESLER R, LORING J S, et al., 2012. Enzymatic hydrolysis of organic phosphates adsorbed on mineral surfaces [J]. Environmental Science & Technology, 46: 285-291.

OLSSON R, GIESLER R, LORING JS, et al., 2010. Adsorption, desorption, and surface-promoted hydrolysis of glucose-1-phosphate in aqueous goethite (α-FeOOH) suspensions [J]. Langmuir, 26: 18760-18770.

PERSSON P, ANDERSSON T, NELSON H, et al., 2012. Surface complexes of monomethyl phosphate stabilized by hydrogen bonding on goethite (α-FeOOH) nanoparticles [J]. Journal of Colloid and Interface Science, 386: 350-358.

QIU F, WANG J, ZHAO D, et al., 2018. Adsorption of *myo*-inositol hexakisphosphate in water using recycled water treatment residual [J]. Environmental Science and Pollution Research, 25 (29): 29593-29604.

RUTTENBERG K C, SULAK D J, 2011. Sorption and desorption of dissolved organic phosphorus onto iron (oxyhydr) oxides in seawater [J]. Geochimica et Cosmochimica Acta, 75: 4095-4112.

RUYTER-HOOLEY M, JOHNSON B B, MORTON D W, et al., 2017. The adsorption of myo-inositol hexaphosphate onto kaolinite and its effect on cadmium retention [J]. Applied Clay Science, 135: 405-413.

RUYTER-HOOLEY M, LARSSON A, JOHNSON B B, et al., 2015. Surface complexation modeling of inositol hexaphosphate sorption onto gibbsite [J]. Journal of Colloid and Interface Science, 440: 282-291.

RUYTER-HOOLEY M, LARSSON A, JOHNSON B B, et al., 2016. The effect of inositol hexaphosphate on cadmium sorption to gibbsite [J]. Journal of Colloid and Interface Science, 474: 159-170.

RUYTER-HOOLEY M, MORTON D W, JOHNSON B B, et al., 2016. The effect of humic acid on the sorption and desorption of *myo*-inositol hexaphosphate to gibbsite and kaolinite [J]. European Journal of Soil Science, 67: 285-293.

SHANG C, ZELAZNY L W, BERRY D F, et al., 2013. Orthophosphate and phytate extraction from soil components by common soil phosphorus tests [J]. Geoderma, 209-210: 22-30.

SHINOHARA R, IMAI A, KAWASAKI N, et al., 2012. Biogenic phosphorus compounds in sediment and suspended particles in a shallow Eutrophic Lake: A ^{31}P-Nuclear magnetic resonance (^{31}P NMR) study [J]. Environmental Science & Technology, 46 (19): 10572-10578.

SPARKS D L, 2003. Environmental Soil Chemistry [M]. New York: Elsevier.

STRAUSS R, BRUMMER G W, BARROW N J, 1997. Effects of crystallinity of goethite: II. Rates of sorption and desorption of phosphate [J]. European Journal of Soil Science, 48: 101-114.

SUNDARESHWAR P V, KOEPFLER E K, FORNWALT B, 2003. Phosphorus limitation of coastal ecosystem processes [J]. Science, 299: 563-565.

TORRENT J, BARRÓN V, SCHWERTMANN U, 1990. Phosphate adsorption and desorption by goethite differing in crystal morphology [J]. Soil Science Society of America Journal, 54: 1007-1012.

TORRENT J, SCHWERTMANN U, BARRON V, 1992. Fast and slow phosphate sorption by goethite-rich natural materials [J]. Clays & Clay Minerals, 40 (1): 14-21.

TURNER B L, CHEESMAN A W, GODAGE H Y, et al., 2012. Determination of neo- and D-chiro-inositol hexakisphosphate in soils by solution ^{31}P NMR spectroscopy [J]. Environmental Science & Technology, 46: 4994-5002.

TURNER B L, FROSSARD E, BALDWIN D S, 2005. Organic phosphorus in the environment [M]. Oxfordshire, MA: CABI.

TURNER B L, NEWMAN S, NEWMAN J M, 2006. Organic phosphorus sequestration in subtropical treatment wetlands [J]. Environmental Science & Technology, 40: 727-733.

TURNER BL, PAPHÁZY MJ, HAYGARTH PM, et al., 2002. Inositol phosphates in the environment [J]. Philosophical Transactions of the Royal Society of London Series B: Biological Sciences, 357: 449-469.

VAN RIEMSDIJK WH, LYKLEMA J, 1980. Reaction of phosphate with gibbsite (Al(OH)$_3$) beyond the adsorption maximum [J]. Journal of Colloid and Interface Science, 76: 55-66.

VESTERGREN J, VINCENT A G, JANSSON M, et al., 2012. High-resolution characterization of organic phosphorus in soil extracts using 2D^{1}H-^{31}P NMR correlation spectroscopy [J]. Environmental Science & Technology, 46: 3950-3956.

WAN B, YAN Y, LIU F, et al., 2016a. Surface adsorption and precipitation ofinositol hexakisphosphate on calcite: In comparison with orthophosphate [J]. Chemical Geology, 421: 103-111.

WAN B, YAN Y, LIU F, et al., 2016b. Impacts of myo-inositol hexakisphosphate and phosphate adsorption on aggregation of CeO$_2$ nanoparticles: Effects of pH and surface coverage [J]. Environmental Chemistry, 13: 34-42.

WAN B, YAN Y, LIU F, et al., 2016c. Surface speciation of myo-inositol hexakisphosphate adsorbed on TiO$_2$ nanoparticles and its impact on their colloidal stability in aqueous [J]. Science of the Total Environment, 544: 134-142.

WAN B, YAN Y, ZHU M, et al., 2017. Quantitative and spectroscopic investigations of the co-sorption of myo-inositol hexakisphosphate and cadmium (Ⅱ) on to haematite [J]. European Journal of Soil Science, 68 (3): 374-383.

WANG L, PUTNIS C V, KING H E, HÖVELMANN J, et al., 2017a. Imaging organophosphate and pyrophosphate sequestration on brucite by *in situ* atomic force microscopy [J]. Environmental Science & Technology, 51 (1): 328-336.

WANG L, QIN L, PUTNIS CV, et al., 2016. Visualizing organophosphate precipitation at the calcite-water interface by in situ atomic-force microscopy [J]. Environmental Science & Technology, 50 (1): 259-268.

WANG L, RUIZ-AGUDO E, PUTNIS C V, et al., 2012. Kinetics of calcium phosphate nucleation and growth on calcite: Implications for predicting the fate of dissolved phosphate species in alkaline soils [J]. Environmental Science & Technology, 46 (2): 834-842.

WANG X, HU Y, TANG Y, et al., 2017b. Phosphate and phytate adsorption and precipitation on ferrihydrite surfaces [J]. Environmental Science: Nano, 4 (11): 2193-2204.

WANG X, LI W, HARRINGTON R, et al., 2013a. Effect of ferrihydrite crystallite size on phosphate adsorption reactivity [J]. Environmental Science & Technology, 47 (18): 10322-10331.

WANG X, LIU F, TAN W, et al., 2013b. Characteristics of phosphate sorption-desorption onto ferrihydrite: Comparison with well-crystalline Fe (hydr) oxides [J]. Soil Science, 178: 1-11.

WENG L, VAN RIEMSDIJK W H, HIEMSTRA T, 2008. Humic nanoparticles at the oxide water interface: Interactions with phosphate ion adsorption [J]. Environmental Science & Technology, 42 (23): 8747-8752.

WENG L, VAN RIEMSDIJK W H, HIEMSTRA T, 2012. Factors controlling phosphate interaction with iron oxides [J]. Journal of Environmental Quality, 41: 628-635.

WILLETT I R, CHARTRES C J, NGUYEN T T, 1988. Migration of phosphate into aggregated particles of ferrihydrite [J]. Journal of Soil Science, 39 (2): 275-282.

YAN Y, KOOPAL LK, LI W, et al., 2015a. Size-dependent sorption of *myo*-inositol hexakisphosphate and orthophosphate on nano-γ-Al_2O_3 [J]. Journal of Colloid and Interface Science, 451: 85-92.

YAN Y, KOOPAL L K, LIU F, et al., 2015b. Desorption of *myo*-Inositol hexakisphosphate and phosphate from goethite by different reagents [J]. Journal of Plant Nutrition and Soil Science, 178 (6): 878-887.

YAN Y, LI W, YANG J, et al., 2014a. Mechanism of myo-inositol hexakisphosphate sorption on amorphous aluminum hydroxide: Spectroscopic evidence for rapid surface precipitation [J]. Environmental Science & Technology, 48 (12): 6735-6742.

YAN Y, LIU F, LI W, et al., 2014b. Sorption and desorption characteristics of organic phosphates of different structures on aluminium (oxyhydr) oxides [J]. European Journal of Soil Science, 65 (2): 308-317.

YAN Y, WAN B, JAISI D P, et al., 2018a. Effects of *myo*-inositol hexakisphosphate on Zn (II) sorption on γ-alumina: A mechanistic study [J]. ACS Earth and Space Chemistry, 2 (8): 787-796.

YAN Y, WAN B, LIU F, et al., 2014c. Adsorption-desorption of myo-inositol hexakisphosphate on hematite [J]. Soil Science, 179 (10-11): 476-485.

YAN Y, WAN B, ZHANG Y, et al., 2018b. *In situ* ATR-FTIR spectroscopic study of the co-adsorption of *myo*-inositol hexakisphosphate and Zn (II) onto goethite [J]. Soil Research, 56: 526-534.

YAO W, MILLERO F J, 1996. Adsorption of phosphate on manganese dioxide in sea water [J]. Environmental Science & Technology, 30: 536-541.

专题 5 土壤光化学

目前来说，土壤光化学主要有3个研究方向：一是环境矿物光化学，主要研究土壤矿物的环境属性，比如赤铁矿的光催化活性；二是土壤气体光化学，主要研究自然光对土壤气体释放的影响，比如土壤中温室气体的排放；三是土壤中污染物的光化学行为，主要研究土壤中污染物在光作用下迁移转化行为，比如砷在土壤中的光化学行为。

一、环境矿物光化学

矿物学是一门历史悠久的学科，一直以来人们对矿物学的认知都过多地停留在资源矿物学上，比如金属的冶炼应用、稀土元素的开采应用等。随着人类生存面临各种环境污染以及生态破坏问题，科学家们发现矿物也可以作为反映不同时间空间尺度上环境变化的信息载体进行研究。基于此，我国学者鲁安怀在2000年提出矿物学环境属性（鲁安怀，2000）的概念，并指出环境矿物学聚焦矿物所禀赋的环境属性，研究矿物在记录环境、影响环境、评价环境、治理环境以及参与生物作用等方面的功能及其中蕴涵的理论方法。特别是在矿物日光催化及其与微生物协同作用、纳米矿物及其改性产物的环境功能等方向开展了大量研究工作，取得了显著进展（鲁安怀，2020）。

环境矿物学的核心之一在于矿物光电子概念的提出（鲁安怀等，2014；Lu et al.，2019）。虽然天然矿物样品成分与结构复杂，但其具备半导体光学特性：首先，在日光照射下，处于基态的半导体矿物会被激发，产生光生电子和空穴，一般来说光生电子具备还原性，光生空穴具备氧化性，所以半导体矿物在光照条件下会发生氧化还原反应。其次，光生电子与某些微生物协同时，会作为一种能量参与微生物的新陈代谢。因此，矿物光电子在地表矿物膜、微生物协同、污染物降解等方面起着关键作用。

1. 地表"矿物膜"

太阳光对地球的作用是毋庸置疑的，在土壤学研究中，人们对太阳光的研究更多集中于对气候、元素循环、光合作用及相关生物过程的影响（Dau et al., 2009；Katan et al., 1981），以及对地质和土壤形成过程的影响。但是，暴露在地球表面的广泛分布的天然矿物对于太阳光的响应机制一直未被探索研究。基于此，我国学者鲁安怀教授首次系统分析了我国西北戈壁和沙漠、西南喀斯特、南方红壤等光照充足的典型景观地区的岩石表面（Lu et al., 2019）。研究发现暴露在阳光下的岩石表面普遍被一层厚度较薄、颜色灰黑、构造多孔的"矿物膜"所覆盖。不同地区的"矿物膜"呈现不同颜色，如戈壁地区的"矿物膜"呈亮黑色，红壤"矿物膜"呈红色至深褐色，喀斯特"矿物膜"呈灰黑色，这是由于不同地区组成"矿物膜"的矿物类型和组分都有所差异造成的。更重要的是，这种主要由铁锰氧化物组成的"矿物膜"，是一种天然半导体光催化剂，即在太阳光的照射下，会被激发产生矿物光电子。

一般来说，当光催化剂被光激发以后产生的是光生电子空穴对，即产生具备还原性质的光生电子和具有氧化性质的光生空穴。在天然环境中，"矿物膜"光催化剂在太阳光照射下也会产生光生电子空穴对，但环境中存在的水和一些常见的有机质（如腐植酸等）（Struyk et al., 2001）的氧化还原电位低于"矿物膜"光催化剂的价带边缘，所以水和一些常见的有机质可以作为还原剂消耗"矿物膜"光催化剂结构中的光生空穴，从而释放更多的光电子。此外，许多其他具有还原电位的化合物，包括溶解的过渡金属离子，以及大量的其他无机和有机物质，由于生物质的分解或矿物的溶解而产生的无穷无尽的产品，在自然环境中广泛存在（Dorn et al., 1981；Becking et al., 1960；Edwards et al., 2004）。这些化合物都可以作为可能的电子供体来清除由铁和锰矿物涂层光催化产生的带正电的光空穴，然后促进光电子的流出。所以地表"矿物膜"光催化剂可以不断产生矿物光电子，从而参与土壤学各个体系中的化学反应及生物活动中去。

半导体矿物涂层在地球表面广泛存在，其独特的太阳光响应和光电流生成能力，在生物地球化学循环中扮演了举足轻重的角色。值得注意的是，这些图层的包覆层主要由含锰矿物组成，比如水钠锰矿，这类矿物的价带电位比 H_2O/O_2 的氧化还原电位更高，这意味着水的光催化氧化在地壳表层极有可能发生（Sauer et al., 2002）。而且，水钠锰矿的导电带光电子，与其他半导体类似，可以为铁、锰等元素的还原过程提供强大的驱动力（Sunda et al., 1983；Sherman et al., 2005；Matsunaga et al., 1995），将 $NADP^+$ 还原成 NADPH（Guo et al., 2018），也可以为细菌代谢提供一种全新的能量形式（Sakimoto et al., 2018；Sauer et al., 2002）。自然界中那些源源不断的电子供体，如水、有机物和还原离子，通过半导体矿物涂层这一关键桥梁，完成了电子传递链的循环，推动了连续的氧化还原反应。总的来说，这些半导体矿物涂层不仅高效地收集和转换了太阳能，还打通了从有机世界到矿物半导体世界的能量转换途径，为自然界的能量循环和物质转化贡献了不可或缺的力量。

2. 矿物光电子与微生物协同

在深入理解了矿物膜的形成及其独特功能后，可以更为精确地探讨矿物光电子在自然界中所扮演的关键角色，其中地表"矿物膜"中的半导体矿物与微生物之间的相互作用尤为引人瞩目。研究者针对西北戈壁岩石漆、西南喀斯特地貌以及南方红壤这三种典型生境下的"矿物膜"中半导体矿物与微生物的作用进行了详尽且系统的研究（Ren et al. 2018a, 2019；Lu et al., 2019a）。在微生物群落的层面上，研究揭示了天然赤铁矿对红壤微生物群落胞外电子传递的间接促进作用，同时，太阳光照显著促进了化能自养型微生物——嗜酸性氧化亚铁硫杆菌（*Acidithiobacillus ferrooxidans*）和化能异养型微生物——粪产碱杆菌（*Alcaligenes faecalis*）的生长，显著改变了红壤中微生物的群落结构，降低了其多样性（曾翠平等，2011；Lu et al., 2012）。进一步的研究还证实了岩石漆"矿物膜"与本源微生物群落间直接电子传递的进程，并构建了一个模拟半导体矿物光电子红壤群落演化系统，详细揭示了自然界中"日光—半导体矿物—微生物"系统的电子传递路径（Ren et al., 2016；任桂平等，2020）。

在细胞层面，从"日光—半导体矿物—微生物"体系出发，对赤铁矿、水钠锰矿与铜绿假单胞菌（*P. aeruginosa*）PAO1 的电子传递进行了深入研究,清晰地揭示了光照条件下铁锰氧化物协同促进 PAO1 胞外电子传递的微观机制(Ren et al.,2017,2018b)。研究表明,一定的外源电子能量可以显著增强 *A. faecalis* 的反硝化能力,并且这种能力与电子能量之间存在着明显的相关性(余萍等,2013)。这一发现揭示了即使某些非光合微生物无法直接利用光能合成有机物质,它们仍然可以利用半导体矿物光催化产生的光电子作为生长和代谢的能量来源。基于这一系列详尽的研究,我国的科研人员首次证实了日光下半导体矿物光电子可以被非光合微生物生长代谢所利用,进而提出了微生物光电能营养能量代谢的新路径(Lu et al.,2012b;鲁安怀等,2013)。

在过去的十余年里,研究人员针对半导体矿物如金红石、赤铁矿、针铁矿、锰钾矿、闪锌矿、黄铁矿、磁黄铁矿和水钠锰矿等与氧化亚铁硫杆菌、粪产碱杆菌、异化金属还原菌、铜绿假单胞菌等多种微生物之间的协同电子转移作用进行了深入研究(王鑫等,2011;丁竑瑞等,2011,2012;Wang et al.,2017;任桂平等,2017a,2017b;鲁安怀等,2018)。这些研究揭示,电极表面的微生物菌体及其代谢产物,对半导体矿物的光子—电子转化效率有着显著影响(Zeng et al.,2012)。例如,半导体二氧化钛纳米颗粒能够促进地杆菌细胞到电极的胞外电子转移,显著提高细菌的胞外电子转移能力,并通过刺激 *pilA* 的表达特异性诱导导电纳米线的形成(Zhou et al. 2018)。这些发现不仅丰富了我们对自然界中矿物与微生物相互作用的认识,也为未来的生态学和地质学研究提供了新的思路。

二、土壤气体光化学

对自然界中的种种现象进行细致入微的探寻,无疑是科学家们深入洞察土壤气体光化学反应机制的关键路径之一。在追溯至 20 世纪 70 年代的科研脉络中,科学家们普遍注意到了氧化亚氮(N_2O)在对流层中的停留时间异常短暂的现象。由于 N_2O 对波长超过 290 nm 的光谱不产生吸收效应,直接光解作为其分解机制的假设是不成立的。然而,随后的一系列实验却揭示了令人瞩目的发现:光能够作用于硅砂上吸附的氯甲烷,使其分解(Ausloos et al.,1977),而这一过程竟在低于化合物吸收光谱的特定能量水平(即更长波长)下发生。在天然沙子中的 N_2O 也观察到同样的现象,这一发现促使科学家们推测，大气中的细微颗粒物或许可以作为光敏化剂，间接参与 N_2O 的分解过程（Rebbert et al.，1978）。而有关沙漠上空空气中 N_2O 浓度相对较低的研究报告（Pierotti et al.，1978），为这一推测提供了强有力的实证支持，进一步彰显了大气中 N_2O 浓度与广泛分布的悬浮颗粒物之间不可分割的关联。

一般来说，我们所熟悉的大气基础气体，诸如二氧化碳（CO_2）、一氧化碳（CO）、甲烷（CH_4）、氧化亚氮（N_2O）、氮气（N_2）、水蒸气（H_2O）、氢气（H_2）以及氧气（O_2），它们并不直接吸收地球表面的紫外线和可见光。这些气体的光化学反应往往需要依赖颗粒物的参与，因此，这些反应呈现出一种间接的特性。然而，也有例外。某些特定气体，如活体植物排放的挥发性化合物（Misztal et al.，2015；Richards et al.，2015），以及燃烧植物和土壤物质循环过程中产生的气体（Smith et al.，2016；Insam et al.，2010），它们却能够直接吸收太阳光，并因此触发均相和非均相的光化学反应。比如，科学家们发现大气中亚硝酸的日间浓度显著上升，这背后正是腐植酸和土壤表面光化学作用共同作用的结果（Stemmler et al.，2006）。这些现象正是土壤气体光化学反应存在的确凿证据，并且，这类反应往往倾向于在白天时段内发生。

光地球化学循环对水环境中氧化还原敏感元素的数量具有显著且不容忽视的影响（Waite et al.，2005；Sarmiento et al.，2007；Gammons et al.，2005；Dill et al.，2006）。不仅如此，多个元素循环之间还可能存在着紧密的联系，这些联系通过直接影响两种或多种元素的光反应过程而显现。例如，有机物氧化和铁还原这两个看似独立的反应，实际上可能在同一环境中同时发生，从而形成了复杂的相互作用网络。同时，我们还必须认识到，一种元素的光反应也可能间接地对其他元素产生影响。比如，铁（Ⅲ）物质的光还原、再氧化和沉淀过程，就可能对介质中溶解的 As、Cu 和 P 等元素产生显著影响。这些元素在夜间可能重新吸附于铁（Ⅲ）氧化物上，然后在第二天阳光照射、相同的铁氧化物发生光还原时，这些元素又被重新释放到水环境中（Gammons et al.，2005；Dill et al.，2006；Tate et al.，1995）。这种复杂的元素循环和相互作用，不仅揭示了水环境中氧化还原反应的复杂性，也为理解水环境的生态功能和元素迁移提供了重要的线索。

气态 NO（一氧化氮）和 NO_2（二氧化氮）被统称为 NO_x，它们是广为人知的空气污染物，主要是由于化石燃料在大城市中的燃烧过程而积累。此外，NO_x 的来源还包括火山活动、雷击、森林火灾（Manahan，2009）以及土壤中的生物硝化和反硝化过程（Butterbach-Bahl et al.，2011；Pilegaard，2013；Mediets et al.，2015；Sanz-Cobena et al.，2017）。高浓度的氮氧化物不仅对人类健康构成威胁，对动物和植物也极为有害，它们还促进了烟雾和酸雨的形成，并与对流层臭氧的化学性质以及 N_2O 等具有显著温室效应的气体的化学性质密切相关（Crutzen，1979）。光催化氧化作为一种特别简单且高效的 NO_x 净化（De-NO_x）策略，其基于特定半导体材料的光催化分析特性，能够在氧气、水和光的共同作用下促进 NO_x 的氧化（Balbuena et al.，2015）。在这一反应中，当入射光强与半导体的带隙能量相近或更高时，半导体表面会被激活，从而促使半导体中的电子从价带跃迁至导带，进而产生电子-空穴对。这些光生电子和空穴能与水和氧气反应，形成如 $^1O_2$、·OH 等活性氧（ROS）物质，它们参与将 NO_x 转化为硝酸盐（NO_3^-）的过程（Balbuena et al.，2015）。在此应用背景下，半导体材料扮演着至关重要的角色，它们主要由一系列合成化合物构成，如 TiO_2，其中锐钛矿相凭借其卓越的 De-NO_x 光催化性能而备受瞩目。除了 TiO_2，α-Fe_2O_3 和 ZnO 等同样具有显著效果，它们既可作为独立材料，也可与黏土、碳或介孔材料等添加剂协同工作，以增强其性能（Balbuena et al.，2015；Sugránez et al.，2015）。值得一提的是，这些高效的光催化材料中有一部分实际上天然存在于土壤之中。

土壤不仅是这些材料的来源之一，更通过微生物硝化和反硝化作用以及非生物化学反硝化等复杂过程，极大地推动了 NO_x 的生成，从而对土壤中的氮素循环产生深远的影响（Firestone et al.，1989；Butterbach-Bahl et al.，2011；Pilegaard，2013；Ábalos et al.，2014；Mediets et al.，2015；Sanz-Cobena et al.，2017；Yao et al.，2019）。在农业土壤中，植物所依赖的有效氮主要来源于工业生产的氮肥，这些氮肥的生产通过 Haber-Bosch 工艺进行，这一过程极为耗能，并成为了农业领域中二氧化碳排放的主要源头之一。

关于氮气的生物和工业固定，以及 NO、N_2O 和 N_2 气体的排放机制，科研界已经进行了长达一个世纪的深入研究（Keeney et al.，2008）。在农业系统之外，大量的研究还探讨了土壤中氮气体复杂平衡的控制因素，这涵盖了植物、微生物、有机质、氮有效性、氧气状态以及土壤的水分、pH 和温度等多个方面。这些详尽的研究不仅有助于我们准确估算气态氮的排放，更为农业生态系统的管理提供了有力的科学依据。

然而，迄今为止，关于土壤中光特定作用介导的氮氧化物固定反应，以及它们与土壤氮素循环之间的潜在联系，尚缺乏系统性的研究，这也使得陆地生态系统与大气之间的气体交换机制仍然存在一定的盲区。Doane 等人（2019）在研究中观察到，光照对土壤化学性质具有显著影响。而在其他研究中，Doane（2017a，2017b）亦对自然介质中的光化学反应进行了详尽的回顾。这些研究不仅让我们对光化学反应与土壤中无机氮的关系有了更为深刻的认识，也凸显了光化学固氮在土壤氮素循环中可能扮演的重要角色，进一步强调了在这一领域进行深入研究的必要性。此外，还有报道提及了涉及氧化铁矿物涂层的"光电装置"在地球表面氧化还原化学中的潜在作用（Lu et al.，2019），这无疑为我们提供了更多关于土壤氮素循环的崭新视角。

三、土壤中污染物的光化学行为

水稻作为全球约一半人口的主要食物来源，亦为地球上种植范围最为广阔的农作物之一，其在 2020 年占据耕地达 1.62 亿公顷（联合国粮农组织，2021 年）。由于水稻种植过程中需长时间淹水，水稻土已逐步成为除草剂、杀虫剂以及重金属（如砷）等污染物质的重要汇集地（Carena et al.，2017；Jiang et al.，2009）。特别是砷（As），作为水稻土壤中常见的污染物，在孟加拉国、印度和越南等地区尤为显著，其在水稻灌溉水中的浓度高达 $0.05 \sim 0.92$ mg/L（Campbell et al.，2014）。由于砷的高毒性特性（Liu et al.，2021），联合国粮农组织已明确建议灌溉水中砷的浓度应控制在 100 μg/L 以下。然而，大面积稻田中砷浓度的升高已成为不容忽视的问题，其成因涉及自然地球化学过程与人为活动（如使用受污染的灌溉水和除草剂、采矿及工业排放等）的叠加影响（Kumarathilaka et al.，2018）。水稻田特殊的间歇性淹水环境，加之水稻生长的需求，创造了一个有别于常规地表水的特殊水文条件。在这一条件下，水稻水中氧的分布与微生物官能团的相关分布，对包括砷在内的多种化学物质氧化还原反应起着控制作用（Dong et al.，2014；Zecchin et al.，2017）。

值得注意的是，溶解有机质（DOM）和氮素作为天然地表水与农业稻田水中普遍存在的成分，其光化学过程对污染物转化具有显著影响。DOM 和 NO_2^-/NO_3^- 作为光活性物质，能产生有助于污染物转化的瞬态反应中间体（RIs）（Filipe et al.，2020；Wu et al.，2020）。这些瞬态反应中间体包括活性氧（ROS，如 H_2O_2、·OH、$^1O_2$、RO·）和三重态溶解有机物（$^3DOM^*$）。其中，ROS 在重金属（如砷和锑）的氧化（Chen et al.，2018）及有机污染物的降解（如美托洛尔、伊马扎哌）（Filipe et al.，2020；Remucal，2014）中发挥着关键作用。而 $^3DOM^*$ 虽对有机污染物的降解反应性有限（Tian et al.，2019a），但能有效氧化重金属（Li et al.，2020）。例如，在腐植酸的光化学过程中，$^3DOM^*$ 通过能量转移成为氧化锑的主要磷氧化剂（Buschmann et al.，2005），而在光存在下，电子转移则主导了 AQDS（9，10-蒽醌壬-2，6-二磺酸）对 As（Ⅲ）的氧化过程（Jiang et al.，2009）。

所以稻田水中发生的光化学过程能生成 RIs，此类 RIs 在污染物转化过程中，特别是对 As（Ⅲ）的氧化作用，扮演着关键角色。相较于地表水，水稻水中的亚硝酸盐/硝酸盐和 DOM 的浓度普遍偏高，这是由于氮肥的广泛施用和土壤有机质经微生物降解后释放 DOM 所致（Liu et al.，2021）。在水稻种植期间，由于长期淹水，土壤腐殖质发生解吸，复合矿物质经历还原性溶解，同时根系分泌物向水稻水中释放大量 DOM（Bais et al.，2006；Kumarathilaka et al.，2018）。此外，DOM 的光化学反应性受其来源和结构的影响（Berg et al.，2019），在自然水域与农业地区间存在显著差异。因此，稻田水中的 DOM 与天然地表水中的 DOM 在来源和化学成分上存在显著差异，这预示着光诱导 RIs 过程将呈现显著差异（Tian et al.，2019）。当前研究多聚焦于各类反应的光参与过程（Marchisio et al.，2015），而对稻田水光化学性质的研究相对匮乏。尽管近期有研究探讨了辐照条件下稻田水中 2,4-二氯酚和丙烯的降解过程，但研究重心主要集中于污染物的降解途径与产物（Carena et al.，2017；Chiron et al.，2007）。然而，关于 RIs 的形成、转化及其生成过程的速率步长等潜在机制尚未得到全面阐明。

随着全球气候变化和环境污染的日益加剧，对水稻田中光化学过程及其对污染物转化影响的研究变得愈发重要。特别是，对砷和镉等这一类高毒性污染物的光化学转化机制的理解，对于保障水稻食品安全、保护农田生态系统具有重要意义。

光地球化学描述的是地球上不能由生物体促进的光化学反应。例如，在植物和其他生物体中组成光合作用的反应就不包括在内，因为这些反应的物理化学环境是由生物体设置的，必须维持这些反应才能继续进行（如果生物体死亡，光反应就会停止）。然而，如果某种物质是由生物体产生的，并且生物体死亡但该物质仍然存在（例如，植物残留物或生物源矿物沉淀），则涉及该物质的光反应仍然有助于光地球化学。

综上所述，光化学原理可以很容易地与地球化学原理相结合，用于调查和研究太阳光对地球化学的影响。考虑到自然物质对光的广泛反应，认识环境中的光化学反应是理解其相互联系过程结构的一部分，特别是在陆地上，对太阳光的探索还没有其在水或大气中那样被探索得多。正如 Formenti 和 Teichner（1978）关于异质光化学的评论，"有如此多不同的可能性"，Cooper 和 Herr（1987）重申了水光化学的前景，这很容易扩展到光地球化学："似乎有无穷无尽的组合和排列可供研究。"这为地球学家提供了充分的机会，把研究重心转向太阳出现时地球上发生的事情。

参考文献

丁竑瑞，李艳，鲁安怀，2012. 双室电化学体系中产电微生物与黄铁矿单晶协同电子转移反应［J］. 地球科学-中国地质大学学报，37（2）：313-318.

丁竑瑞，李艳，鲁安怀，等，2011. 天然金红石可见光催化强化微生物还原作用的研究［J］. 矿物学报，31（4）：629-633.

鲁安怀，2000. 矿物学研究从资源属性到环境属性的发展［J］. 高校地质学报，6（2）：245-251.

鲁安怀，2020. 环境矿物学研究进展（2011—2020 年）［J］. 矿物岩石地球化学通报，39（5）：881-898.

鲁安怀，李艳，丁竑瑞，等，2018. 矿物光电子能量及矿物与微生物协同作用 [J]. 矿物岩石地球化学通报，37（3）：1-15.

鲁安怀，李艳，王鑫，等，2013. 半导体矿物介导非光合微生物利用光电子新途径 [J]. 微生物学通报，40（1）：190-202.

鲁安怀，李艳，王鑫，等，2014. 关键带中天然半导体矿物光电子的产生与作用 [J]. 地学前缘，21（3）：256-264.

任桂平，鲁安怀，李艳，等，2020. 地表"矿物膜"半导体矿物光电子调控微生物群落结构演化特性研究 [J]. 地学前缘，27.

任桂平，孙曼仪，鲁安怀，等，2017a. 天然赤铁矿促进红壤微生物胞外电子传递机制研究 [J]. 矿物岩石地球化学通报，36（1）：92-97.

任桂平，孙曼仪，鲁安怀，等，2017b. 纳米水钠锰矿可见光电化学响应与甲基橙降解活性 [J]. 矿物学报，37（4）：373-379.

王鑫，鲁安怀，李艳，等，2011. 天然闪锌矿光催化协同 Acidithiobacillus ferrooxidans 生长及抑制自身分解作用实验研究 [J]. 矿物学报，31（4）：641-646.

余萍，李艳，鲁安怀，等，2013. 光电子作用下土壤微生物类产碱杆菌反硝化性能研究 [J]. 岩石矿物学杂志，32（6）：761-766.

曾翠平，鲁安怀，李艳，等，2011. 红壤中微生物群落对半导体矿物日光催化作用的响应 [J]. 高校地质学报，17（1）：101-106.

AUSLOOS P, REBBERT R E, GLASGOW L, 1977. Photodecomposition of chloromethanes adsorbed on silica surfaces [J]. J Res Nat Bur Stand, 82: 1-8.

BAIS H P, WEIR T L, PERRY L G, et al., 2006. The role of root exudates in rhizosphere interactions with plants and other organisms [J]. Annu. Rev. Plant Biol., 57: 233-266.

BALBUENA J, CARRARO G, CRUZ-YUSTA M, et al., 2016. Advances in photocatalytic NO_x abatement through the use of Fe_2O_3/TiO_2 nanocomposites [J]. RSC Adv., 6: 74878-74885.

BECKING L B, KAPLAN I R, MOORE D. 1960. Limits of the natural environment in terms of pH and oxidation-reduction potentials [J]. J Geol, 68: 243-284.

BERG S M, WHITING Q T, HERRLI J A, et al., 2019. The role of dissolved organic matter composition in determining photochemical reactivity at the molecular level [J]. Environmental Science Technology, 53（20）：11725-11734.

BUSCHMANN J, CANONICA S, LINDAUER U, et al., 2005. Photoirradiation of dissolved humic acid induces arsenic (Ⅲ) oxidation [J]. Environmental Science Technology, 39 (24): 9541-9546.

BUTTERBACH-BAHL K, GUNDERSEN P, AMBUS P, et al., 2011. Nitrogenprocesses in terrestrial ecosystems [M]. Sutton, M. A. (Ed.), The european nitrogen assessment. cambridge university press, Cambridge, 99-125.

CAMPBELL K M, NORDSTROM D K, 2014. Arsenic speciation and sorption in natural environments [J]. Rev. Mineral. Geochem, 79 (1): 185-216.

CARENA L, MINELLA M, BARSOTTI F, et al., 2017. Phototransformation of the herbicide propanil in paddy field water [J]. Environmental Science Technology, 51 (5): 2695-2704.

CHEN Z, JIN J, SONG X, et al., 2018. Redox conversion of arsenite and nitrate in the UV/quinone systems [J]. Environmental Science Technology, 52 (17): 10011-10018.

CHIRON S, MINERO C, VIONE D, 2007. Occurrence of 2, 4-dichlorophenol and of 2, 4-dichloro-6-nitrophenol in the Rhone River Delta (Southern France) [J]. Environmental Science Technology, 41 (9): 3127-3133.

COOPER W J, HERR F L. 1987. Introduction and overview [M]. In: Zika RG, Cooper WJ (eds) Photochemistry of environmental aquatic systems. American Chemical Society, Washington DC.

CRUTZEN P J, 1979. The Role of NO and NO_2 in the chemistry of the troposphere and stratosphere [J]. Annu. Rev. Earth Planet. Sci., 7: 443-472.

DAU H, ZAHARIEVA I. 2009. Principles, efficiency, and blueprint character of solar energy conversion in photosynthetic water oxidation [J]. Acc Chem Res, 42: 1861-1870.

DILL C, KUIKEN T, ZHANG H, et al., 2006. Diurnal variation of dissolved gaseous mercury (DGM) levels in a southern reservoir lake (Tennessee, USA) in relation to solar radiation [J]. Sci Total Env, 357: 176-193.

DOANE T A, 2017a. A survey of photogeochemistry [J]. Geochem. Trans., 18 (1).

DOANE T A, 2017b. The Abiotic Nitrogen Cycle [J]. ACS Earth Space Chem., 1: 411-421.

DOANE T A, SILVA L C R, HORWATH W R, 2019. Exposure to light elicits a spectrum of chemical changes in soil [J]. J. Geophys. Res-Earth, 124: 2288-2310.

DONG D T, YAMAGUCHI N, MAKINO T, et al., 2014. Effect of soil microorganisms on arsenite oxidation in paddy soils under oxic conditions [J]. Soil Sci. Plant Nutr., 60 (3): 377-383.

DORN R I, OBERLANDER T M. 1981. Microbial origin of desert varnish [J]. Science, 213: 1245-1247.

EDWARDS H G, MOODY C A, JORGE VILLAR S E, et al., 2004. Raman spectroscopy of desert varnishes and their rock substrata [J]. J Raman Spectrosc, 35: 475-479.

FILIPE O M S, SANTOS E B H, OTERO M, et al., 2020. Photodegradation of metoprolol in the presence of aquatic fulvic acids. Kinetic studies, degradation pathways and role of singlet oxygen, OH radicals and fulvic acids triplet states [J]. Journal of Hazardous Materials, 385.

FIRESTONE M K, DAVIDSON E A, 1989. Microbiological basis of NO and N_2O production and consumption in soil [M]. Andreae, M. O., Schimel, D. S. (Eds.), Exchange of trace gases between terrestrial ecosystems and the atmosphere. New York: John Wiley & Sons.

FORMENTI M, TEICHNER S J, 1978. Heterogeneous photo-catalysis [M]. Kemball C, Dowden DA (eds) Specialist periodical reports, catalysis, vol 2. The Chemical Society (Royal Society of Chemistry), London.

GAMMONS C H, NIMICK D A, PARKER S R, et al., 2005. Diel behavior of iron and other heavy metals in a mountain stream with acidic to neutral pH: Fisher Creek, Montana, USA [J]. Geochimica et Cosmochimica Acta, 69: 2505-2516.

GARCÍA P E, QUEIMALIÑOS C, DIÉGUEZ M C, 2019. Natural levels and photo-production rates of hydrogen peroxide (H2O2) in Andean Patagonian aquatic systems: Influence of the dissolved organic matter pool [J]. Chemosphere, 217: 550-557.

GE J, HUANG D, HAN Z, et al., 2019. Photochemical behavior of benzophenone sunscreens induced by nitrate in aquatic environments [J]. Water Res., 153: 178-186.

GUO J L, et al., 2018. Light-driven fine chemical production in yeast biohybrids [J]. Science, 362: 813-816.

INSAM H, SEEWALD M S A. 2010. Volatile organic compounds (VOCs) in soils [J]. Biol Fert Soils, 46: 199-213.

JIANG J, BAUER I, PAUL A, et al., 2009. Arsenic redox changes by microbially and chemically formed semiquinone radicals and hydroquinones in a humic substance model

Quinone [J]. Environmental Science Technology, 43 (10): 3639-3645.

KATAN J, 1981. Solar heating (solarization) of soil for control of soilborne pests [J]. Annu Rev Phytopathol, 19: 211-236.

KEENEY D R, HATFIELD J L, 2008. The Nitrogen Cycle, Historical Perspective, and Current and Potential Future Concerns [M]. Hatfield, J. L., Follett, R. F. (Eds.), Nitrogen in the Environment: Sources, Problems, and Management. London: Academic Press.

KUMARATHILAKA P, SENEWEERA S, MEHARG A, et al., 2018. Arsenic speciation dynamics in paddy rice soil-water environment: sources, physico-chemical, and biological factors—a review [J]. Water Res, 140: 403-414.

LI W, LYU B, LI J, et al., 2020. Phototransformation of roxithromycin in the presence of dissolved organic matter: characteriazation of the degradation products and toxicity evaluation [J]. Sci. Total Environ, 733.

LIU S, TAN M, GE L, et al., 2021. Photooxidation mechanism of As (Ⅲ) by straw-derived dissolved organic matter [J]. Sci. Total Environ, 757: 144049.

LU A H, LI Y, DING H R, et al., 2019. Photoelectric conversion on Earth's surface via widespread Fe-and Mn-mineral coatings [J]. Proceedings of the National Academy of Sciences of the United States of America, 116 (20): 9741-9746.

LU A H, LI Y, JIN S, 2012. Interactions between semiconducting minerals and bacteria under light [J]. Elements, 8 (2): 125-130.

MANAHAN S E, 2009. Environmental Chemistry [M]. Boca Raton: CRC Press.

MARCHISIO A, MINELLA M, MAURINO V, et al., 2015. Photogeneration of reactive transient species upon irradiation of natural water samples: formation quantum yields in different spectral intervals, and implications for the photochemistry of surface waters [J]. Water Res., 73: 145-156.

MATSUNAGA K, OHYAMA T, KUMA K, et al., 1995 Photoreduction of manganese dioxide in seawater by organic substances under ultraviolet or sunlight [J]. Water Res, 29: 757-759.

MEDINETS S, SKIBA U, RENNENBERG H, 2015. A review of soil NO transformation: associated processes and possible physiological significance on organisms [J]. Soil Biol. Biochem, 80: 92-117.

MISZTAL P K, HEWITT C N, WILDT J, et al., 2015. Atmospheric benzenoid emissions from plants rival those from fossil fuels [J]. Sci Rep, 12064.

PIEROTTI D, RASMUSSEN L E, RASMUSSEN R A, 1978. The Sahara as a possible sink for trace gases [J]. Geophys Res Lett, 5: 1001-1004.

PILEGAARD K, 2013. Processes regulating nitric oxide emissions from soils [J]. Philos. Trans. Royal Soc, B368.

REBBERT R E, AUSLOOS P, 1978. Decomposition of N_2O over particulate matter [J]. Geophys Res Lett, 5: 761-764.

REMUCAL C K, 2014. The role of indirect photochemical degradation in the environmental fate of pesticides: a review [J]. Environ. Sci. Process Impacts, 16 (4).

REN G P, DING H R, LI Y, et al., 2016. Natural hematite as a low-cost and earth-abundant cathode material for perfomance improve-ment of microbial fuel cells [J]. Catalysts, 6 (10): 157.

REN G P, SUN Y, DING Y, et al., 2018b. Enhancing extracellular electron transfer between *Pseudomonas aeruginosa* PAO1 and light driven semiconducting birnessite [J]. Bioelectrochemistry, 123: 233-240.

REN G P, SUN Y, SUN M Y, et al., 2017. Visiblelight enhanced extracellular electron transfer between a hematite photoanode and *Pseudomonas aeruginosa* [J]. Minerals, 7 (12): 230.

REN G P, YAN Y C, NIE Y, et al., 2019. Natural extracellular electron transfer between semicon-ducting minerals and electroactive bacterial communities occurred onthe rock varnish [J]. Frontiers in Microbiology, 10: 293.

REN G P, YAN Y C, SUN M Y, et al., 2018a. Considerable bacterial community structure couplingwith extracellular electron transfer at karst area stone in Yunnan [J]. China. Geomicrobiology Journal, 35 (5): 424-431.

RICHARDS-HENDERSON N K, PHAM A T, KIRK B B, et al., 2015. Secondary organic aerosol from aqueous reactions of green leaf volatiles with organic triplet excited states and singlet molecular oxygen [J]. Environ Sci Technol, 49: 268-276.

SAKIMOTO K K, WONG A B, YANG P, 2016. Self-photosensitization of nonphotosynthetic bacteria for solar-to-chemical production [J]. Science, 351: 74-77.

SANZ-COBENA A, LASSALETTA L, PRADO A, et al., 2017. Strategies for greenhouse gas emissions mitigation in Mediterranean agriculture: a review [J]. Agr. Ecosyst. Environ, 238: 5-24.

SARMIENTO A M, OLIVEIRA V, GóMEZ-ARIZA J L, et al., 2007. Diel cycles of arsenic speciation due to photooxidation in acid mine drainage from the Iberian Pyrite Belt (SW Spain) [J]. Chemosphere, 66: 677-683.

SAUER K, YACHANDRA V K, 2002. A possible evolutionary origin for the Mn_4 cluster of the photosynthetic water oxidation complex from natural MnO_2 precipitates in the early ocean [J]. Proc Natl Acad Sci USA, 99: 8631-8636.

SHERMAN D M, 2005. Electronic structures of iron (III) and manganese (IV) (hydr) oxide minerals: Thermodynamics of photochemical reductive dissolution in aquatic environments [J]. Geochimica et Cosmochimica Acta, 69: 3249-3255.

SMITH J D, KINNEY H, ANASTASIO C, 2016. Phenolic carbonyls undergo rapid aqueous photodegradation to form low-volatility, light-absorbing products [J]. Atmos Environ, 126: 36-44.

STEMMLER K, AMMANN M, DONDERS C, et al., 2006. Photosensitized reduction of nitrogen dioxide on humic acid as a source of nitrous acid [J]. Nature, 440: 195-198.

STRUYK Z, SPOSITO G, 2001. Redox properties of standard humic acids [J]. Geoderma, 102: 329-346.

SUGRÁÑEZ R, BALBUENA J, CRUZ-YUSTA M, et al., 2015. Efficient behaviour of hematite towards the photocatalytic degradation of NO_x gases [J]. Appl. Catal. B: Environ, 165: 529-536.

SUNDA W G, HUNTSMAN S A, HARVEY G R, 1983. Photoreduction of manganese oxides in seawater and its geochemical and biological implications [J]. Nature, 301: 234-236.

TATE C M, BROSHEARS R E, MCKNIGHT D M, 1995. Phosphate dynamics in an acidic mountain stream: interactions involving algal uptake, sorption by iron oxide, and photoreduction [J]. Limnol Oceanogr, 40: 938-946.

The food and agriculture organization (FAO), http://www.fao.org/home/en/.

TIAN Y, WEI L, YIN Z, et al., 2019. Photosensitization mechanism of algogenic extracellular organic matters (EOMs) in the photo-transformation of chlortetracycline: role of chemical constituents and structure [J]. Water Res, 164: 114940.

VIONE D, MINELLA M, MAURINO V, et al., 2014. Indirect photochemistry in sunlit surface waters: photoinduced production of reactive transient species [J]. Chemistry, 20 (34): 10590-10606.

WAITE T D, 2005. Role of iron in light-induced environmental processes [M]. Boule P, Bahnemann DW, Robertson P (eds) Handbook of environmental chemistry, vol. 2 Part M: environmental photochemistry part II. Berlin: Springer.

WU P, FU Q L, ZHU X D, et al., 2020. Contrasting impacts of pH on the abiotic transformation of hydrochar-derived dissolved organic matter mediated by $\delta-MnO_2$ [J]. Geoderma, 378.

YAO Z, ZHENG X, WANG R, et al., 2019. Benefits of integrated nutrient management on N_2O and NO mitigations in water-saving ground cover rice production systems [J]. Sci. Total Environ, 646: 1155-1163.

ZECCHIN S, CORSINI A, MARTIN M, et al., 2017. Rhizospheric iron and arsenic bacteria affected by water regime: implications for metalloid uptake by rice [J]. Soil Biol. Biochem, 106: 129-137.

ÁBALOS D, SÁNCHEZ-MARTÍN L, GARCÍA-TORRES L, et al., 2014. Management of irrigation frequency and nitrogen fertilization to mitigate GHG and NO emissions from drip-fertigated crops [J]. Sci. Total Environ, 490: 880-888.

专题 6　土壤生物化学

土壤生物群是土壤生态系统的重要组成部分,在土壤物理和生物化学过程中发挥着至关重要的作用。根据个体的大小以及在土壤中的功能多样性,土壤生物分为大型土壤动物、中型土壤动物、微生物区系和微型土壤动物。大型土壤动物主要作为分解者和捕食者,包括蚯蚓、蚂蚁、千足虫、蜈蚣和大型蛛形纲动物等。中型土壤动物分解有机物以及捕食其他土壤微生物(如细菌和真菌),包括跳虫、线蚓科、少足目、一些线虫和大型动物群的幼虫。土壤微生物可分为微生物区系和微型土壤动物,其大小一般小于 0.2 mm,在介导土壤有机物转化、污染物降解等方面具有重要作用。土壤微生物构成了土壤生物多样性的主要部分,在土壤各种过程中起着关键作用,因此本章主要介绍土壤物质转化的微生物过程。

一、土壤微生物

1. 土壤微生物概述

有研究表明 1 g 土壤含有超过 8 亿个细菌,代表多达 5 万种不同的物种(Roesch et al., 2007)。这些微生物从调整植物与周围环境的相互作用到影响环境的化学成分方面均发挥着关键性作用。自然农业生态系统中的土壤肥力取决于微生物过程,如有机碳(C)、氮(N)、磷(P)和硫(S)的矿化,土壤有机质的转化以及氮气的固定,所有这些都是由土壤微生物参与完成的(Brookes, 1995)。在土壤有机物质的分解过程中,土壤微生物交替吸收和释放氮和碳(Mary et al., 1996),其速率通常由有机物质的性质及其相应的碳氮比决定。蓝藻或蓝绿藻在细胞内结构上类似于高等植物,由于其固氮能力,对农业土壤具有重要意义。在富营养化研究中,藻类用于废水生物修复的研究正在逐渐取得进展。存在于植物根际的某些细菌和真菌，如假单胞菌（*Pseudomonas*）、无色杆菌（*Achromobacter*）、链霉菌（*Streptomyces*）、曲霉菌（*Aspergillus*）等，在释放磷酸盐、固定重金属、分解有机污染物方面发挥着重要作用（Dommergues et al., 1980；Naees et al., 2011）。总而言之，土壤微生物是生态系统的重要组成部分，在养分转化、有机质分解以及能量流动中扮演着至关重要的角色。

微生物参数是研究衡量土壤微生物过程的重要指标，包括微生物量、呼吸速率、碳和氮矿化速率、反硝化速率、土壤酶活性、微生物多样性指标等。不同目的的研究利用不同的微生物参数作为观测指标。例如，添加紫云英显著提高了旱地土壤中的真菌生物量比例，降低了 10-甲基化脂肪酸（通常被认为是放线菌的生物标志物）和环丙基脂肪酸的比例（Drenovsky et al., 2004）。Wang et al.（2007）研究发现，随着金属胁迫的增加，微生物活性及其生物量降低。陆海飞等（2015）研究结果表明，施肥均提高了土壤几丁质酶活性，但仅在同时施用氮、磷、钾肥和有机肥的处理下观察到土壤纤维素酶和过氧化物酶活性增加。王雪等（2017）发现，与传统耕作相比，免耕覆盖处理显著降低了旱地农田土壤呼吸速率，而相同耕作处理下，增施有机肥会显著提高土壤呼吸速率。随着葡萄糖的添加，土壤微生物生物量以及微生物呼吸速率显著增加（Ning et al., 2021）。所有这些研究均表明，土壤微生物参数可以作为土壤研究的有用生物指标。

2. 土壤微生物的研究方法

研究土壤微生物参数对于预测土壤养分状况、土壤环境质量的变化，了解微生物功能，确定影响土壤质量的关键微生物等具有重要作用。根据研究技术水平的发展，土壤微生物的研究方法主要包括三大类：传统的分离培养技术、土壤微生物量和土壤酶分析方法以及以 PCR 技术为基础的分子生物学研究方法。

（1）传统的分离培养技术　传统的分离培养技术主要是通过将土壤样品进行适当处理后，用不同的培养基将其中的微生物进行分离、纯化，获得单一菌株，进而进行形态鉴定和物种鉴定等。该方法需要依靠生物培养基，通过对各种环境因素进行调控，使不同菌株能够在培养基上良好地生长繁殖。Biolog 微平板方法可用于微生物群落差异及其功能的研究，该方的原理是根据微生物对碳源的利用程度不同，在代谢过程产生的酶可以与四唑类物质发生颜色反应。微平板中溶液的吸光度变化可以反映不同微生物的生理生化特性，指示剂颜色的变化可以反映微生物群落的代谢强度。土壤微生物群落动态变化的定量分析一般采用磷脂脂肪酸分析方法。

（2）土壤微生物量和土壤酶分析方法　土壤微生物量是指土壤中除了活的植物体（如植物根系等）外，体积小于 $5\times10^3\ \mu m^3$ 的生物总量，主要包括土壤微生物量碳、氮、磷。土壤微生物量代表了参与土壤中养分循环和有机物质转化的微生物数量，是衡量土壤肥力水平和土壤质量的重要生物学指标。微生物量碳氮比可以反映微生物群落结构信息，比例在 5∶1 左右为细菌，6∶1 左右为放线菌，真菌的则在 10∶1 左右（胡婵娟等，2011），由此可以判断土壤中的优势菌群。土壤酶是一类生物催化剂，主要包括氧化还原酶类、水解酶类、裂合酶类和转移酶类等。土壤中的酶主要来源于微生物胞壁破裂释放、植物根系分泌物以及动植物残体分解释放。土壤酶活性表征土壤微生物的代谢强度，是表征土壤肥力的潜在指标。

（3）基于 PCR 技术的分子生物学研究方法　基于 PCR 技术的分子生物学研究方法的基本原理是通过提取土壤微生物总 DNA 或 RNA，进行扩增获得扩增产物并通过凝胶电泳进行分析，从而在种属水平上研究微生物之间的相互作用。PCR 技术简单来说就是以 DNA 为模板，通过循环加热和降温的方式使 DNA 分离成两条单链，并利用 DNA 聚合酶合成新的 DNA 分子。最早的测序技术是 1977 年左右由桑格等人发明的第一代测序技术，即桑格测序。随着测序技术的发展，随后出现了二代测序技术（高通量测序技术）、三代测序（如 PacBio、Nanopore 测序技术）。测序技术的快速发展极大地促进了土壤科学等领域的发展。

二、土壤碳、氮、磷、硫的生物化学

1. 土壤碳的生物化学

（1）土壤碳排放　微生物参与碳排放的过程如图 6-1 所示。在大多数情况下，土壤中碳的排放是以二氧化碳（CO_2）的形式排放的，被称作土壤总呼吸。大量研究证实，在好氧和厌氧条件下，微生物异养呼吸分解土壤有机质和植物残体在很大程度上有助于土壤呼吸。微生物在氧气（O_2）存

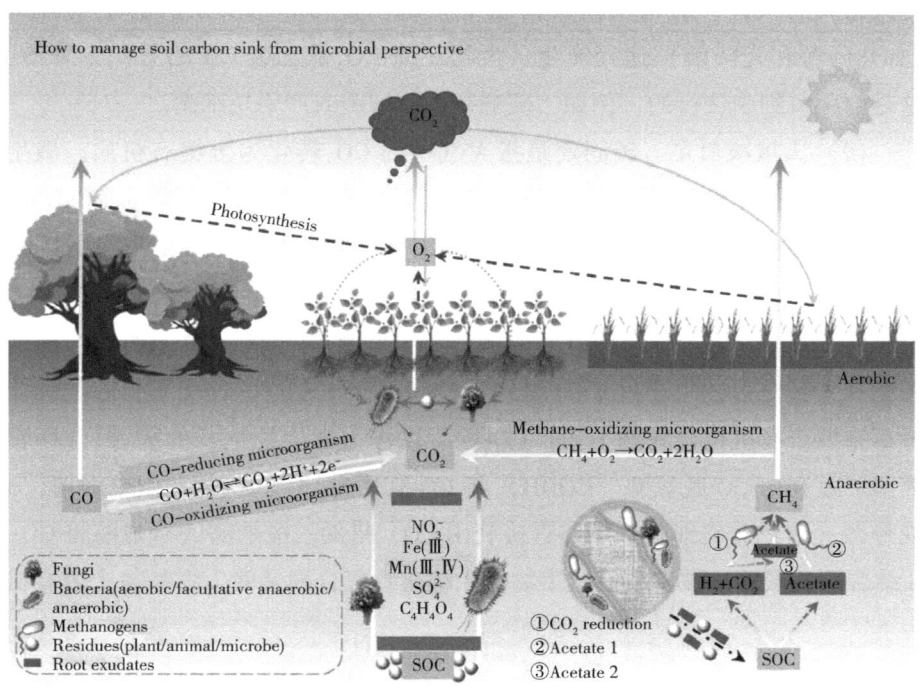

图 6-1 微生物参与碳排放的示意图（Tang et al.，2022）（彩图见文后彩插）

在下氧化和分解有机物的速率很快，但厌氧呼吸对 CO_2 排放的贡献也不容忽视。例如，铁还原微生物是参与厌氧呼吸的典型微生物，该微生物利用 Fe（Ⅲ）作为电子受体发生氧化还原反应产生 CO_2。除了产生 CO_2，产甲烷（CH_4）是另一种微生物碳排放途径。一般而言，土壤产甲烷菌产生 CH_4 的途径有 3 种。第 1 种途径称为 CO_2 还原途径，对 CH_4 产生的贡献为 10%~30%。在该反应过程中，由水解或发酵菌群诱导水解和发酵产生 CO_2 和 H_2，并由产氢甲烷菌利用水解和发酵产生 CH_4。第 2 种途径是乙酸途径 1，对 CH_4 产生的贡献为 70%~90%。在这个过程中，乙酸盐通过发酵产生，然后被乙酸分解型产甲烷菌利用产生 CH_4。第 3 种途径是乙酸途径 2。其中，乙酸通过乙酰辅酶 A 途径还原 CO_2 产生，然后被乙酸分解型产甲烷菌利用产成 CH_4。这样产生的 CH_4 中有 40% 会被释放到大气中。或者，在运行良好的微生物系统中，产生的 CH_4 被用作微生物的能量来源，并在好氧环境中被甲烷氧化微生物反氧化为 CO_2。一氧化碳（CO）是一种从土壤中排放的少量但与碳相关的气体,通过植物凋落物中碳水化合物和木质素的非生物降解(如热降解和光降解)途径产生。生物还原 CO_2 是土壤 CO 的另一个来源,这是由厌氧细菌进行的,例如,硫酸盐还原细菌或产甲烷细菌。

(2) 土壤碳固定 碳固定是指大气中的 CO_2 转化为土壤有机质。微生物具有 6 种普遍的固碳途径(图 6-2),其中卡尔文—本森循环(Calvin-Benson cycle)是许多原核生物(例如蓝细菌、紫色细菌)中最常见的固碳途径。据报道,在对 CO_2 的同化方面,自养生物每年固定约 7×10^{16} g C(Berg,2011)。除了自养微生物的固碳外,一些异养微生物(如戊糖丙酸杆菌和大肠杆菌)也通过 C-H 键羧化进行固碳。在这些情况下,底物和能量都来源于有机化合物的分解。CO 也可以作为微生物生长的能源。CO 营养菌通过利用 CO 脱氢酶(CODH)将 CO 氧化为 CO_2。例如,假单胞菌、α 变形菌(紫色非硫细菌)能够直接利用 CO,借助乙酰辅酶 A 合成酶将 CO-C 结合到乙酸盐的羧基中。微生物与土壤矿物复合物是微生物参与土壤有机

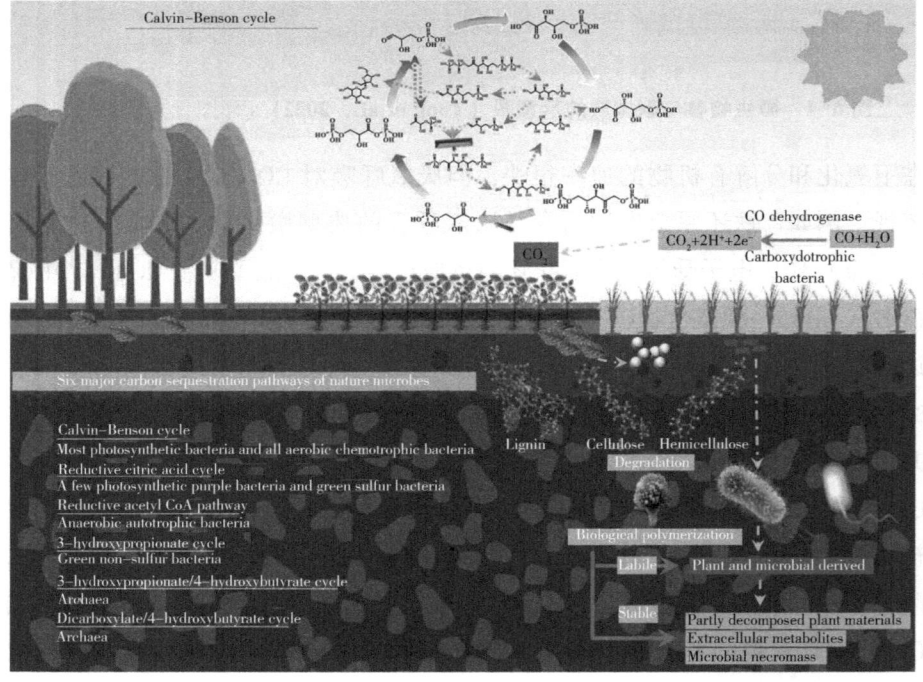

图 6-2 微生物参与碳固定的示意图(Tang et al.,2022)(彩图见文后彩插)

碳积累的重要形式。

细胞膜由脂质双分子层、蛋白质、肽聚糖、脂多糖等组成，根据其大分子结构，土壤矿物质可能会稳定细胞膜，从而增加其对微生物降解的抵抗力。此外，微生物在土壤腐殖质形成中具有关键作用，包括①分解：动物和植物的残体被真菌、细菌等分解成小分子，为微生物的生长提供能量；②转化和合成：易分解的部分转化为微生物生物量，部分在微生物中重新排列成更大、更难分解的单位。在此过程中，胡敏酸、富里酸和胡敏素经过微生物的代谢而残留下来。胡敏酸和胡敏素是相对稳定的碳载体，有利于增加土壤碳库。

2. 土壤氮的生物化学

氮（N）是蛋白质和核酸的重要组成部分，是所有生物体的必需营养素。土壤氮循环的微生物过程主要包括：①植物凋落物和死亡生物分解为土壤有机质，进一步再降解为溶解性有机氮和铵（NH_4^+）；②微生物利用溶解性有机氮、硝酸盐（NO_3^-）和 NH_4^+ 用于生长繁殖的同化过程；③异化过程，包括氮固定、硝化、反硝化、异化硝酸盐还原为铵（DNRA）以及厌氧氨氧化过程（图6-3）。

（1）*生物固氮和硝化作用* 生物固氮是大多数陆地生态系统外源氮的自然来源。在这个过程中，固氮微生物将大气中的氮气（N_2）还原为生物可利用的形式。按固氮微生物的特性和它们与其他生物的关系，分为共生固氮、自生固氮和联合固氮3种类型。共生固氮主要指豆科植物—根瘤菌共生体系，其他还有非豆科植物—放线菌共生体系以及红萍—固氮蓝藻共生体系。自生固氮是指不需要同其他生物共生就能独立进行固氮的一类微生物，如固氮细菌和固氮蓝藻。联合固氮体系是由有固氮能力的细菌集聚于植物的根系周围甚至部分进入根细胞，细菌利用根系分泌物，植物利用细菌固定氮素，形成一个比共生固氮松散的联合体。在玉米、小麦、水稻上都已确认联合固氮体系的存在。

硝化作用是氨或铵氧化为亚硝酸盐和硝酸盐的过程。土壤硝化作用分为自养硝化作用和异养硝化作用。自养硝化作用主要由化学自养氨氧化细菌（AOB）、氨氧化古菌（AOA）以及亚硝酸盐氧化细菌（NOB）进行。异养硝化作用是由某些异养细菌和真菌进行的，它们可以氧化有机和无机氮化合物。尽管异养型硝化微生物的硝化能力低于自养型硝化细菌，但它们

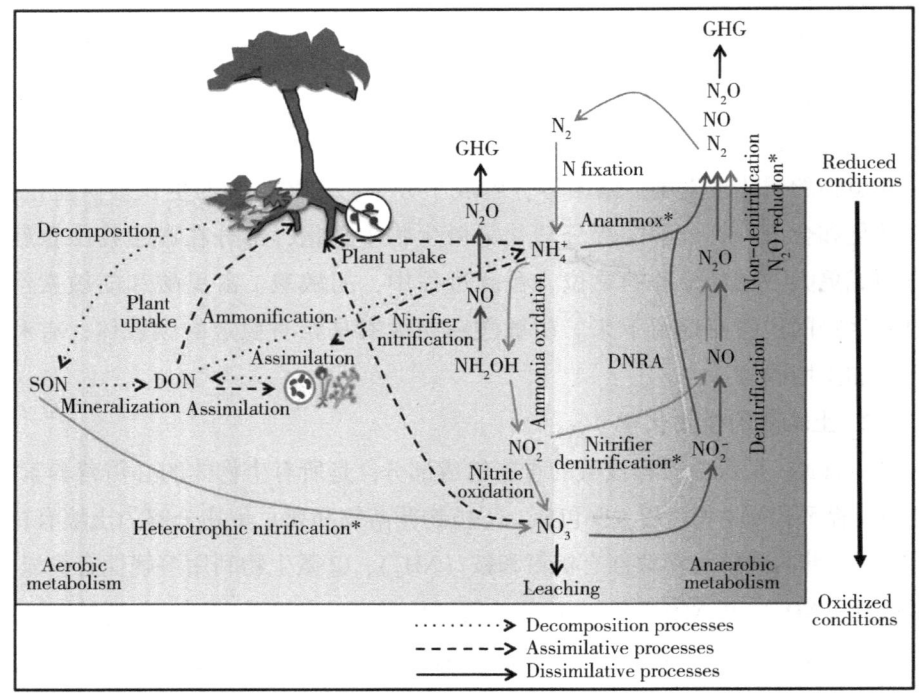

图 6-3 微生物参与的土壤氮循环过程
(Pajares and Bohannan,2016)(彩图见文后彩插)

在土壤中的数量却十分庞大,因而在硝化作用中也具有重要意义。

(2) 反硝化作用、异化硝酸盐还原为铵和厌氧氨氧化过程 反硝化作用是一种微生物厌氧呼吸途径,NO_3^- 和 NO_2^- 通过中间产物 NO 和 N_2O 依次被还原为 N_2。它是土壤中将固定的氮返回到大气中主要的生物过程,也是土壤中 NO 和 N_2O 排放的主要途径。反硝化过程由硝酸还原酶、亚硝酸盐还原酶、NO 还原酶和 N_2O 还原酶催化的 4 个反应组成。亚硝酸盐还原酶是反硝化的关键酶,因为它催化 NO_2^- 还原为气体产物,这是限制反硝化过程速率的反应。

细菌通过硝态氮异化还原酶将 NO_3^- 转化为 NO_2^-,再通过亚硝态氮还原酶将 NO_2^- 还原为 NH_4^+。异化硝酸盐还原为铵中的亚硝态氮还原酶是一种胞质周围酶,由 *nrfA* 基因编码,而非反硝化细菌中的 *nirS* 基因酶编码。Darwin et al. (1993) 发现,细菌在有氧生长过程中,*nrfA* 启动子的表现几乎完全被抑制，在没有亚硝态氮或硝态氮的无氧生长过程中部分诱导，只有在亚硝态氮的无氧生长过程中才被完全诱导。

厌氧氨氧化是指厌氧条件下氨的氧化反应过程，将氨（NH_3）及其他有机氮化合物氧化分解成氨基光氧化产物、水及 CO_2 等，有机氨从氨氧化反应中出去，而有机碳不发生变化的过程。厌氧氨氧化过程中，细菌会根据污染物的种类，采用不同的氨氧化途径来完成氨氧化反应。根据细菌的氨氧化途径，厌氧氨氧化的主要过程包括：①脱氢降解：细菌利用脱氢基因或脱氢蛋白将有机碳链上的氢原子脱去后，构成低分子量的有机物，这些低分子量的有机物可以通过后续步骤完成降解；②氨氧化：在氨氧化反应过程中，氨能够加速氨氧化反应，将有机物质按氮分子数从低到高氧化成为亚硝酸及氢氧化物，从而完成有机物的厌氧氨氧化反应。

3. 土壤磷的生物化学

（1）土壤磷循环　土壤中的磷循环起始于岩石的矿物风化，终止于水中的沉积（Tipping et al., 2014; Kruse et al., 2015）。土壤中磷的物理化学和生物转化过程如图 6-4 所示。磷在土壤中的迁移转化过程主要包括慢的

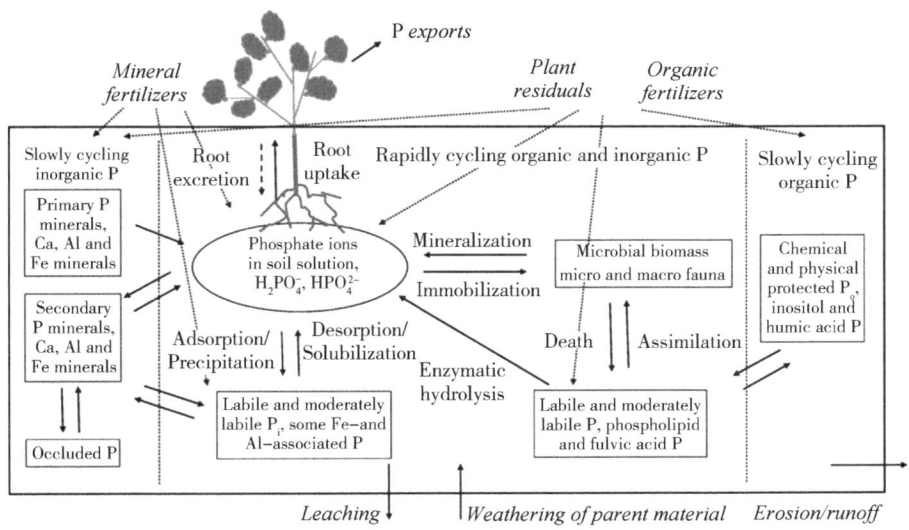

图 6-4　土壤—植物和土壤—溶液系统中磷的物理化学和生物转化
（Zhu et al., 2018）（彩图见文后彩插）

无机磷循环、快的有机磷和无机磷循环以及慢的有机磷循环。慢的无机磷循环主要是指原生和次生磷矿风化释放磷以及土壤溶液中的磷被固定的过程。快的有机磷和无机磷循环主要是指由微生物介导的土壤磷素转化过程，包括土壤磷的吸附与解吸、固定与活化、溶解与沉淀等过程，并与磷素的形态紧密相关（Sims and Pierzynski，2005）。慢的有机磷循环主要是指物理化学保护态有机磷、肌醇磷和胡敏酸磷与不稳定有机磷、磷脂磷和富里酸磷之间的转化。土壤溶液中的磷占土壤总磷的比例相对较小（≈0.1%），但其极易被植物和微生物吸收利用，是所有转化过程以及淋失和径流损失的关键组成部分。土壤中磷的损失主要是通过地表径流、土壤侵蚀和垂直淋溶至排水深度流失到水中，以及作物对磷吸收后被收获带走的部分磷。

（2）土壤磷转化的微生物过程　土壤微生物在磷循环中发挥着重要作用，并参与磷的矿化和固定。土壤中难溶性磷和土壤溶液中的磷相互转化的过程主要包括：溶解与沉淀（化学平衡）、吸附与解吸（土壤溶液中的磷与矿物表面的反应）以及矿化与固定（生物介导的无机磷和有机磷之间的转化）。在微生物的介导下，土壤中的难溶态磷通过溶解作用或矿化作用转化为植物可利用态磷（主要包括 HPO_4^{2-}、$H_2PO_4^-$ 和可溶性有机磷），这些可溶性磷一部分转化为微生物体内的生物量磷，一部分被原生动物、线虫、大型底栖动物等固定为难溶态磷（Richardson and Simpson，2011）。其中，解磷微生物是驱动无机磷溶解和有机磷矿化的重要因子。解磷微生物是指能将难利用态磷转化为可利用态磷的微生物，其种类主要包括细菌、真菌、放线菌以及某些藻类，如 *Azospirillum*、*Bacillus*、*Penicillium*、*Actinomyces*、*Streptomyces* 等（Shrivastava et al.，2018）。

解无机磷微生物通过直接氧化途径释放有机酸、降低土壤 pH 值、分泌铁载体、产生胞外多糖（EPS）、同化 NH_4^+ 等机制提高土壤中的有效磷含量。解有机磷微生物主要通过分泌磷酸水解酶、植酸酶、碳-磷裂解酶等将难利用的有机磷矿化成生物有效态磷。此外，解磷微生物的存在也可以增强植物从土壤中获取磷的能力。根际中的一些微生物，如黑曲霉，可以使土壤中的植酸盐矿化，从而植物能够直接从有机磷化合物中获取磷以满足生长所需。植物也可以通过形成外部菌丝将现有的根系延伸，或通过产生激素［如吲哚乙酸、赤霉素、与乙烯前体相关的 1-氨基环丙烷-1-羧基

（ACC）脱氨酶］刺激根系生长或根毛发育进而促进植物获取磷。此外，根的代谢产物和水解酶是影响有机磷转化为无机磷的重要因素。植物根系中的质子和有机阴离子的流出、铁载体的产生，以及磷酸酶和纤维素分解酶的释放是有机磷水解或有机残留物矿化所必需的。

4. 土壤硫的生物化学

硫（S）是所有生物体必需的第四大常见关键常量营养素。土壤中存在的有机 S 包括含半胱氨酸、硫酸胆碱、酚类硫酸盐等，无机硫包括硫酸盐、亚硫酸盐、硫代硫酸盐、亚硫酸酯、过硫酸盐等。微生物通过各种硫化合物的氧化、还原、矿化和固定过程参与土壤中的硫循环（图 6-5），包括①硫在硫化物和硫酸盐之间的循环；②土壤生物量库和可溶性硫酸盐形式之间的循环；③土壤中的复合硫化物和硫酸盐及其植物可利用形式之间的循环。

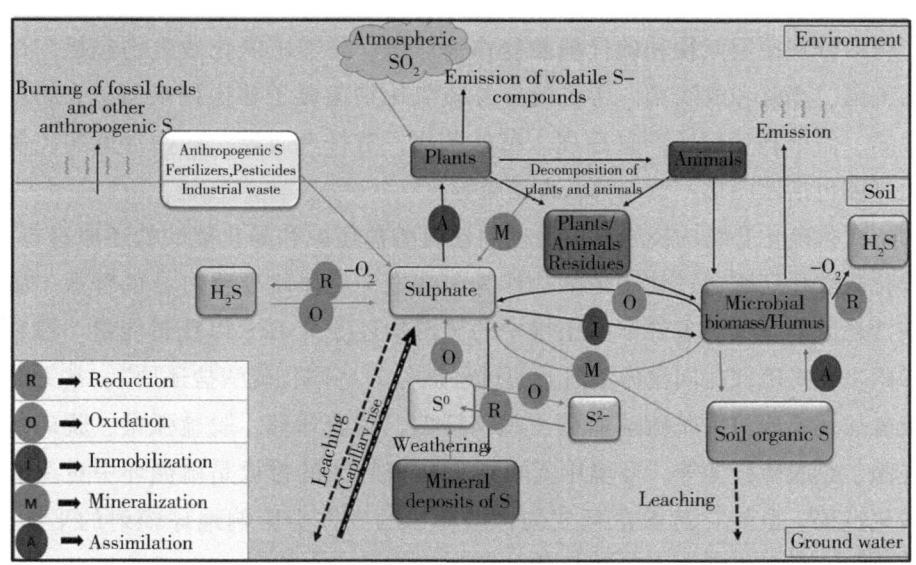

图 6-5　土壤中的硫循环过程（Chaudhary et al.，2023）

（彩图见文后彩插）

（1）硫的矿化和固定　饲料残渣、粪便以及死亡细菌、藻类和动物残体中含硫有机物如蛋白质、含硫氨基酸等在异养微生物作用下，分解成简单硫化物的过程称为硫的矿化。释放的无机硫被微生物或植物用于合成细胞成分，或以氧化物形式释放到环境中。若土壤处于厌氧条件下，产生量最大的无机硫化物则为 H_2S。细菌和真菌在其细胞内储存了许多无机和有机硫化合物，这些化合物仅在细胞裂解后释放，从而可用于植物和其他生物。直接与碳原子结合的硫被自养微生物矿化成硫化物以获得能量，而异养微生物则依靠从有机碳中获得的能量进行生长和繁殖。

（2）硫的氧化和还原　硫氧化是通过硫氧化微生物氧化硫或硫化物形成硫酸盐的过程。元素硫在氧化成最终硫酸盐之前首先通过酶促反应转化为硫化物或亚硫酸盐。生物硫氧化过程一般包括以下氧化步骤：$S \rightarrow S_2O_3^{2-} \rightarrow S_4O_6^{2-} \rightarrow SO_4^{2-}$。土壤中的硫氧化微生物包括化学自养硫氧化菌和异养硫氧化微生物。最普遍的化学自养硫氧化菌通常属于硫杆菌属（Thiobacillus），具有催化一些硫化物、硫、硫代硫酸盐和四硫代物的能力。该属的典型物种包括 T. thioooxidans、T. thioparus、T. novalis 等微生物。大多数硫杆菌是专性需氧菌，但一些硫杆菌如 T. ferrooxidans 和 T. thioparus，除了硫外，还可以分别使用亚铁和硫代硫酸盐作为能量。异养硫氧化微生物包括广泛的细菌、真菌和放线菌。常见的异养硫氧化细菌属于芽孢杆菌属、大肠杆菌属、假单胞菌属、产碱菌属、黄杆菌属、节杆菌属等。一些常见的硫氧化真菌包括黑曲霉、黄毛霉、青霉属等。

氧化硫化合物的还原可以通过同化硫酸盐还原和异化硫酸盐还原进行。异化硫酸盐还原通过使用硫酸盐作为末端电子受体而导致 H_2S 的释放。硫酸盐还原菌在厌氧条件下将土壤中的硫酸盐还原为 H_2S 以获得能量。植物和微生物将硫酸盐同化为蛋白质的过程被称为"同化硫酸盐还原"。常见的硫酸盐还原菌包括脱硫球茎菌、脱硫杆菌、脱硫球菌、脱硫弧菌、脱硫八叠菌、热脱硫杆菌等。环境中无机或有机硫气体的排放是硫循环中重要的转化过程。虽然它是微量释放的，但释放的气体会影响地球辐射的平衡，从而影响全球气候。在硫化合物的代谢过程中，各种真菌和异养细菌会释放出不同的挥发性硫化合物，如 H_2S、甲硫醇（CH_3SH）、二甲基硫（CH_3SCH_3）、羰基硫（COS）、二甲醚（CH_3SSCH_3）和二硫化碳（CS_2）。

三、土壤重金属和多环芳烃的生物化学

1. 土壤重金属的生物化学

重金属是密度大于 5 的元素，占元素周期表中元素的 35% 以上。它们中

的一些，如锌（Zn）、铁（Fe）、铜（Cu）、钼（Mo）、锰（Mn），作为酶的辅因子参与氧化还原过程和渗透调节，对于植物和动物的生长而言是必不可少且有益的微量营养元素。然而，这些重金属的浓度超过一定的阈值水平，会对植物和动物健康造成危害。在较高浓度下，重金属离子通过抑制微生物的各种代谢活动来抑制微生物活性，或者这些生物可能对这种升高的重金属水平产生抗性或耐受性。土壤微生物对重金属的耐受性涉及不同的机制，这些机制包括：①排斥，使金属离子远离目标靶位；②外排，通过转运机制将细胞内的重金属排出细胞外；③调节，与金属结合蛋白形成复合物，例如甲基硫蛋白、低分子量蛋白和其他细胞成分；④生物转化，其中有毒金属被还原为毒性较小的形式；⑤甲基化和去甲基化。上述机制中的一种或多种允许微生物在重金属污染的土壤中进行正常代谢。因此，微生物可以通过对重金属的转化、螯合、吸附和甲基化等机制来降低金属有效性，或通过产生有机酸、分泌铁载体、分泌胞外多糖、产生吲哚乙酸、具有1-氨基环丙烷-1-羧酸（ACC）脱氨酶活性等机制促进植物固定（通过将金属物质转化为不可移动的形式来降低金属毒性）或植物提取（植物组织中的金属动员和积累）来修复重金属污染的土壤。

（1）微生物对重金属的转化　某些微生物能够把钴胺素转化为甲基钴胺素，在ATP及特定的还原剂存在的条件下，甲基钴胺素作为甲基供体，使金属离子与甲基结合而生成甲基汞、甲基砷、甲基铅。但也有少数金属离子被甲基化后，其毒性反而增强。微生物可以通过自身的代谢作用，通过氧化还原反应将重金属转变成无毒无害的价态。研究表明，接种 *Klebsiella* sp. strain，可将土壤中的 Cr^{6+} 还原为 Cr^{3+}，从而降低Cr对植物的毒害作用（Gupta et al.，2018）。

（2）微生物对重金属的螯合　微生物可以分泌大量低分子量的有机酸，如乳酸、柠檬酸、葡萄糖酸、苹果酸、乙醇酸、草酸、丙二酸、酒石酸、戊酸、琥珀酸和甲酸等。这些酸可以与金属离子形成络合物，降低金属的生物有效性，从而缓解重金属污染。在铁胁迫条件下，微生物会分泌一种对三价铁（Fe^{3+}）具有特别强的亲和力的铁螯合剂——铁载体。尽管其对Fe^{3+}具有优先的亲和力，但也可以螯合其他的金属如铬（Ⅲ）、镉、锌、铜、镍、砷和铅等。此外，微生物胞外多糖是由一些细菌和真菌分泌在细胞壁外侧的碳水化合物（同多糖或杂多糖）的聚合物。且胞外多糖能够与土壤中的金属形成配合物。因此，微生物对重金属的螯合作用有助于缓解金属污染物施加的压力，在重金属污染土壤修复中具有重要意义。

(3) 微生物对重金属的吸附与沉淀　重金属污染土壤中的微生物通过各种机制来抵抗重金属的危害，对重金属吸附是其重要机制之一。微生物细胞壁富含羧基阴离子和磷酸阴离子，很容易与金属发生反应，从而将金属结合到微生物表面。芽孢杆菌和铜绿假单胞杆菌在修复土壤 Pb 污染的过程中，可以通过生物的吸附作用，与细胞表面的官能团或细胞壁上的酸性物质相互作用形成铅化合物，降低 Pb 的移动性。解磷微生物将土壤中难溶性磷酸盐释放，与重金属结合形成磷酸盐沉淀，降低了重金属在土壤环境中的移动性和生物可利用性，起到固定或钝化的作用。

(4) 微生物促进植物对重金属污染土壤的修复　微生物在土壤和植物根际大量存在，具有多重植物促生作用。其可以产生促进植物生长的吲哚乙酸，以增加植物内源的吲哚乙酸库。通常，在金属胁迫下，吲哚乙酸通过触发植物细胞代谢的生理变化来促进宿主植物在金属污染的位点中的适应，从而使植物能够承受高浓度的重金属。另一种植物激素——乙烯，调节生长植物的许多重要生理活动，包括根生长和发育。在生物和非生物胁迫下，植物产生的乙烯过多会抑制根生长。为了对抗这种生理危机，土壤中的微生物（如解磷微生物）产生的 ACC 脱氨酶可以将 ACC（植物中乙烯的直接前体）降解，从而降低植物组织中的乙烯生物合成。因此，微生物 ACC 脱氨酶有助于促进重金属污染土壤中的植物修复过程。已经分离出几种含 ACC 脱氨酶的解磷微生物，并成功地改善了金属胁迫下的植物生长（Jiang et al., 2008）。

2. 土壤中多环芳烃的生物降解

有机污染物一直是世界范围内的主要环境问题。现代农业和医学的进步导致化肥和抗生素药物的大量使用。一旦有机污染物排放到环境中，土壤的正常功能就会被破坏，损害人体器官甚至死亡。有机污染物主要包括两大类：烃类化合物和纺织染料污染物。烃类污染物包括石油及其衍生物，这些污染物通过石油泄漏和污水释放到环境中；有机物、工业废水和其他来源热解产生的多环芳烃（PAHs）；以及源自除草剂和杀虫剂、工业废物的卤代烃化合物。甲苯、苯酚、多氯联苯和多溴联苯是生产制药、纺织、塑料等工业化学品的重要原料。除草剂、杀虫剂和杀菌剂等广泛应用于人类的生产生活，并保留在土壤环境中。这些化学物质在生产和使用过程中以生态循环进入土壤环境，对生物和人类健康构成严重威胁。

多环芳烃是一类由两个或多个苯环以线性、角状或簇状排列稠合而成的化合物，因其毒性和致癌性而被世界公认为优先污染物（Prasad，2016）。低水溶性和疏水性等特性使这些污染物能够与自然界中的沉积物结合，并在土壤中持续存在。根据 Johnsen et al.（2005），微生物在多环芳烃的降解中可以发挥不同的作用，包括：①同化生物降解，为降解有机化合物的生物提供碳和能量；②细胞内解毒过程，通过增加多环芳烃的溶解度以便将化合物排出体内；③共代谢，即在细胞代谢缺乏能量和碳的情况下降解多环芳烃。氧化酶是在其底物中结合氧原子的氧化还原酶。单加氧酶（或水解酶）在底物上结合了一个氧原子，而双加氧酶结合了两个氧原子。芳香化合物通常在氧的帮助下被微生物通过氧化物需氧降解，这些氧化物形成中间体，如原儿茶酚和邻苯二酚。在细菌中，通常会在 1,2-双加氧酶的作用下将苯甲酸酯转化为邻苯二酚。然后，通过引入形成三羧酸循环中间体的两个氧原子，在双加氧酶的帮助下裂解该中间体（图 6-6）。

多环芳烃的真菌代谢与细胞色素 P450 单加氧酶相关，该酶与环氧化物水解酶途径和木质素降解系统耦合。木质素水解酶具有降解芳香族化合物的巨大潜力，因为木质素由酚类芳香族聚合物组成。常见的木质素分解酶包括木质素过氧化物酶（LiP）、锰过氧化物酶（MnP）和漆酶（Lac）。木质素过氧化物酶（LiP）催化裂解 α 和 β 碳键，破坏有机物芳香环。锰过氧化物酶（MnP）是催化酚型结构氧化降解的酶。漆酶是一种氧化酶，存在于许多微生物（如真菌、微藻和细菌）中，在没有辅因子的情况下将氧气还原为水，作用于酚类和非酚类芳香族成分。微生物通过产生各种类型的酶分解有机污染物，在有机污染物修复中发挥着不可或缺的作用。

四、总结及展望

土壤微生物是生态系统的重要组成部分，在养分转化、重金属污染修复以及有机污染物（如多环芳烃）降解中发挥着至关重要的作用。认识和理解土壤中的各种微生物过程对于土壤污染物的控制及其生物修复具有重

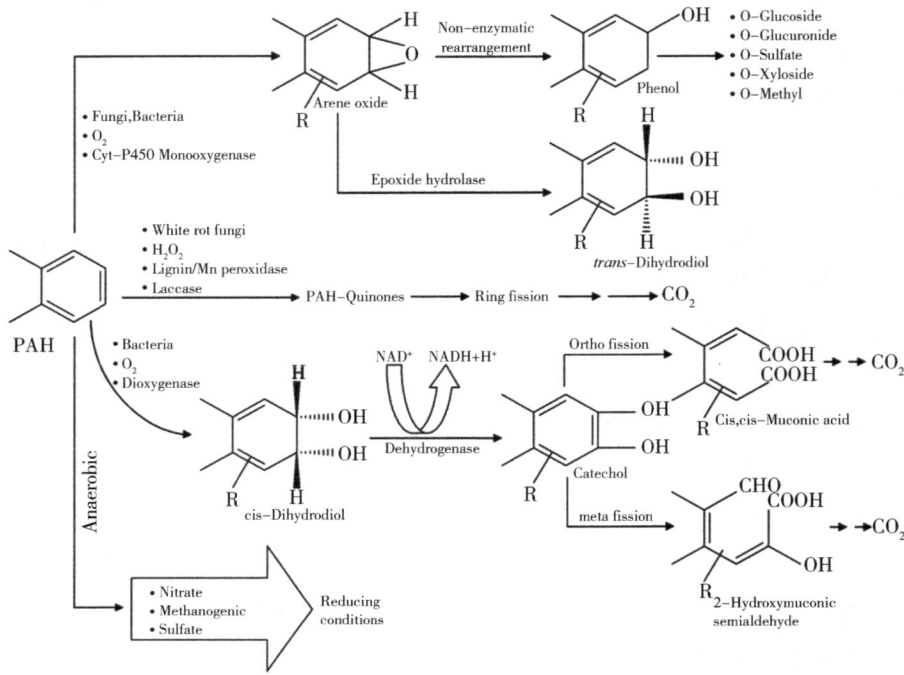

图6-6 多环芳烃的微生物分解代谢（Haritash and Kaushik，2009）

要的意义。但目前土壤微生物介导的土壤质量与土壤健康的研究仍处于发展中阶段，未来仍需加强以下几个方面的研究：①细化研究关键土壤微生物类群对各种养分元素循环以及污染物转化的影响；②强化土壤微生物群落多样性及其功能的研究，建立土壤健康风险评价体系，监测土壤生物指标的动态变化；③充分进行多点位的长期定位试验，排除土壤生物化学研究中的时空干扰，解析土壤微生物过程的普适性规律；④探明气候变化背景下土壤质量与健康动态的关键过程，以及与其相关的关键微生物类群和功能。

参考文献

胡婵娟，刘国华，吴雅琼，2011. 土壤微生物生物量及多样性测定方法评述 [J]. 生态环境学报，20：1161-1167.

陆海飞，郑金伟，余喜出，等，2015. 长期无机有机肥配施对红壤性水稻土微生物群落多样性及酶活性的影响 [J]. 植物营养与肥料学报，21：632-643.

王雪, 李景, 汪俊玉, 等, 2017. 免耕施肥条件下冬小麦季土壤呼吸速率及影响因素 [J]. 中国土壤与肥料, 3: 105-110.

BERG I A, 2011. Ecological aspects of the distribution of different autotrophic CO_2 fixation pathways [J]. Applied and Environmental Microbiology, 77: 1925-1936.

BROOKES P C, 1995. The use of microbial parameters in monitoring soil pollution by heavy metals [J]. Biology and Fertility of Soils, 19: 269-279.

CHAUDHARY S, SINDHU S S, DHANKER R, et al., 2023. Microbes-mediated sulphur cycling in soil: impact on soil fertility, crop production and environmental sustainability [J]. Microbiological Research, 271: 127340.

DARWIN A, HUSSAIN H, GRIFFITHS L, et al., 1993. Regulation and sequence of the structural gene for cytochrome C552 from *Escherichia coli*: not a hexahaem but a 50 kDa tetrahaem nitrite reductase [J]. Molecular Microbiology, 9: 1255-1265.

DOMMERGUES Y R, DIEM H D, GANRY F, 1980. The effect of soil microorganisms on plant productivity. Microbiologist, OSTROM/CNRS, Dakar, Senegal and CNRA/ISRA, Bambey, Senegal.

DRENOVSKY R, VO D, GRAHAM K, et al., 2004. Soil water content and organic carbon availability are major determinants of soil microbial community composition [J]. Microbial Ecology, 48: 424-430.

GUPTA P, KUMAR V, USMANI Z, et al., 2018. Phosphate solubilization and chromium (VI) remediation potential of *Klebsiella sp.* strain CPSB4 isolated from the chromium contaminated agricultural soil [J]. Chemosphere, 192: 318-327.

HARITASH A K, KAUSHIK C P, 2009. Biodegradation aspects of polycyclic aromatic hydrocarbons (PAHs): a review [J]. Journal of Hazardous Materials, 169: 1-15.

JIANG C Y, SHENG X F, QIAN M, et al., 2008. Isolation and characterization of a heavy metal resistant *Burkholderia sp.* from heavy metal-contaminated paddy field soil and its potential in promoting plant growth and heavy metal accumulation in metal polluted soil [J]. Chemosphere, 72: 157-164.

JOHNSEN A R, WICK L Y, HARMS H, 2005. Principles of microbial PAH-degradation in soil [J]. Environmental Pollution, 133: 71-84.

KRUSE J, ABRAHAM M, AMELUNG W, et al., 2015. Innovative methods in soil phosphorus research: a review [J]. Journal of Plant Nutrition and Soil Science, 178: 43-88.

MARY B, RECOUS S, DARWIS D, et al., 1996. Interactions between decomposition of plant residues and nitrogen cycling in soil [J]. Plant and Soil, 181: 71-82.

NAEES M, ALI Q, SHAHBAZ M, et al., 2011. Roles of rhizobacteria in phytoremediation of heavy metals: an overview [J]. International Journal of Plant Sciences, 2: 220-232.

NING Q S, HÄTTENSCHWILER S, LÜ X T, et al., 2021. Carbon limitation overrides acidification in mediating soil microbial activity to nitrogen enrichment in a temperate grassland [J]. Global Change Biology, 27: 5976-5988.

PAJARES S, BOHANNAN B J M, 2016. Ecology of nitrogen fixing, nitrifying, and denitrifying microorganisms in tropical forest soils [J]. Frontiers in Microbiology, 7: 01045.

RICHARDSON A E, SIMPSON R J, 2011. Soil microorganisms mediating phosphorus availability update on microbial phosphorus [J]. Plant Physiology, 156: 989-996.

ROESCH L F, FULTHORPE R R, TRIPLETT E W, et al., 2007. Pyrosequencing enumerates and contrasts soil microbial diversity [J]. The ISME Journal, 1: 283-290.

SHRIVASTAVA M, SRIVASTAVA P C, D'SOUZA S F, 2018. Phosphate-solubilizing microbes: diversity and phosphates solubilization mechanism [M]. Meena V (Ed), Role of Rhizospheric Microbes in Soil. Singapore: Springer.

SIMS J T, PIERZYNSKI G M, 2005. Chemistry of phosphorus in soil [M]. Tabatabai A M, Sparks D L (Eds), Chemical Processes in Soil, SSSA Book Series 8. Soil Science Society of America, Madison: 151-192.

TANG C Y, YANG F, ANTONIETTI M, 2022. Carbon materials advancing microorganisms in driving soil organic carbon regulation [J]. Research, 9857374.

TIPPING E, BENHAM S, BOYLE J F, et al., 2014. Atmospheric deposition of phosphorus to land and freshwater [J]. Environmental Science Processes and Impacts, 16: 1608-1617.

WANG Y, SHI J, WANG H, et al., 2007. The influence of soil heavy metals pollution on soil microbial biomass, enzyme activity, and community composition near a copper smelter [J]. Ecotoxicological and Environmental Safety, 67: 75-81.

ZHU J, LI M, WHELAN M, 2018. Phosphorus activators contribute to legacy phosphorus availability in agricultural soils: a review [J]. Science of the Total Environment, 612: 522-537.

专题7 农业面源污染现状及防控技术研究进展

一、农业面源污染现状及危害

党的二十大以来，党中央高度重视农业农村污染治理工作，习近平总书记多次对防治农业面源污染做出指示（《中共中央关于制定国民经济和社会发展第十四个五年规划和二〇三五年远景目标的建议》）。农业面源污染是指在农业生产活动中，化肥、农药、畜禽粪便、生活污水垃圾等污染物，在降水的驱动下，顺地表径流、壤中流以及土壤侵蚀等方式，进入临近收纳水体而造成的污染（Shang et al.，2012；王萌等，2020）。由于污染物以宽范围、微量且分散的方式进入临近水体，所以农业面源污染具有随机性、不确定性、分散性、模糊性以及不易预测性等特点成为一大难题（何金钊等，2023）。目前研究主要集中于污染特征、影响因子、模拟监测等方面（宋家永等，2010），面源污染模型对于研究清楚形成、转化及迁移过程并从源头上控制污染具有重要作用，目前应用最广泛的两个模型为 SWAT 和 Ann AGNPS（Shen et al.，2012；Taguas et al.，2012），SWAT 模型主要用于模拟长时期内不同的土壤类型及土地利用方式对面源污染的影响（康文东等，2023），Ann AGNPS 模型则是对小区域内化肥的使用、降雨和径流以及渗透进行模拟，分析不同土地利用方式下的污染控制、经济效益以及风险防控（Taguas et al.，2012）。此外，还有 BASINS、SWEPP、SWRRB 等模型在早期也被广泛应用于监测农业面源污染。

随着我国农业的不断发展，农业面源污染呈现出从无到有、从点到面，污染程度愈发加重，污染源逐渐多样化的趋势（杨滨键等，2019），且具有明显的地域差异性，污染较为严重的区域在农业大省或者经济发达地区，东部和中部地区较西部地区排放强度更大（丘雯文等，2018）。

《第二次全国污染源普查公报》显示，农业源水污染总氮排放量141.49万t、总磷排放量21.20万t，分别占全国总排放量的46.52%和67.22%，可见，农业污染源是导致我国水环境污染的主要原因，其中农业源主要包括种植业、畜禽养殖业以及水产养殖业。王思如等（2019）采用改进输出系数法估算了我国农业面源污染排放量，对于总氮排放，种植业、畜禽养殖业、水产养殖业分别贡献42.5%、44.6%、12.7%，对于总磷排放，三者分别贡献9.4%、71.7%、18.9%，可见，影响我国农业面源污染氮磷排放的主导因素为畜禽养殖。畜禽养殖业是我国农业的两大支柱之一（翟郓秋等，2022），据统计，我国超过九成的畜禽养殖场并未配备污染物标准化处理设施（武淑霞等，2005），污染物乱排乱放，并产生大量温室气体，造成面源污染的同时也造成大气污染，影响人体健康，与此同时，大量养殖场使用抗生素，使得其进入农田生态系统，在打破生态平衡的同时也诱发了耐药基因的产生和传播（凌文翠等，2018），对人类的健康产生威胁。

处于我国人多地少的情形下，为保障基本粮食产量，不得不施用化肥、农药，中国已成为世界上化肥施用量最大的国家（Wang et al.，2019），而化肥和农药利用率较低，氮肥利用率仅为30%左右，而磷的利用率只有10%~20%（Yu et al.，2019），农药利用率也近似，剩余未被吸收的则通过各种方式流失，最终流入临近水体，从而造成水体富营养化等危害。农药、化肥的不当使用加重了生态环境的恶化。加之，我国农膜产量和使用量占世界总量的62%，且我国农膜使用以低档为主，分解产生诸多有毒有害物质，对周围土壤水体危害显著（王萌等，2020）。

二、农业面源污染主要途径

目前，农业面源污染的来源主要分为化肥污染、农药污染、人和畜禽粪尿、生活污水和生产生活固体废弃物以及农作物的秸秆污染等（何金钊等，2023；赵永宏等，2010），而农业面源污染以氮磷污染为主，两种元素长期通过径流进入水体，使土壤养分流失的同时，也严重影响了地表水体环境，下面将从化肥污染、农药污染（有机磷农药、有机氮农药）、固体废弃物污染3个方面展开论述。

1. 化肥污染

据农业农村部统计，化肥的使用对粮食增产的贡献率达40%以上，但其施用量大、利用率低，且流失情况严重，过量低效的投入加重了农业面源污染（杨滨键等，2019）。我国氮肥的利用率仅为30%~35%，磷肥为10%~20%，钾肥为35%~50%（赵永宏等，2010），肥料的种类、施肥量、施肥时期和方式均会对氮磷的流失产生影响。相较于仅施用化肥，Chen et al.（2017）研究表明，施用有机肥可以提高土壤磷的有效性，Huang et al.（2020）也具有相同的研究结论，长期施用有机肥保护了土壤结构，有机肥和化肥的配合施用，减少了地表径流，降低了氮磷的流失。对于施肥量而言，随着施肥量的增加，径流中总氮以及磷的流失量呈指数增加（丁燕等，2019），程子珍等（2023）研究坡地柑橘园化肥减量对地表径流氮磷流失量的影响时发现，生草覆盖配合化肥减量可降低柑橘园54.2%的总氮和57.1%的总磷流失量。根据作物生长特性选择适宜的施肥时期和施肥方式也是至关重要的，周林飞等（2012）研究表明追肥穴施相较于其他施肥方式对地表径流氮素流失量贡献较小，并且施肥后第一天是有效控制氮磷流失的关键时期（常珺枫等，2023）。化肥污染的产生途径主要是未被农作物吸收的氮磷，在农田土壤中富集后、降雨条件下，进入临近水体产生富营养化，进而造成面源污染。

2. 农药污染

据统计，我国农药年均使用量超过130万t（中华人民共和国国家统计局，2020），进入环境后，挥发、聚集、吸收、迁移，理化性质较稳定的农药，会长时间停留在环境中，在土壤、大气、水体中日积月累，造成严重的环境污染，众所周知，农药的施用方式以喷雾、喷粉方式为主，只有10%左右会被作物吸收，其余的将会进入空气或被雨水冲刷进入土壤中，造成土壤污染，水体环境中农药污染的来源主要是土壤中的农药被灌溉水、雨水冲刷到江河湖海中（赵永宏等，2010）。有机化学农药产生的危害日趋严重，据统计，早期有机农药的施用量已经达131.2万t（陈莉等，2015），所以，本节就有机磷农药、有机氮农药带来的面源污染展开论述。

（1）有机磷农药　有机磷农药（organophosphorus pestic，OPP），是自有机氯农药禁用后全球使用最广范的农药之一，其具有高毒性、生物累积性，半衰期从几分钟到几年不等，易与土壤矿物相结合，残留在土壤中，主要包括对硫磷、敌百虫、乐果、敌敌畏等常用农药（Lian et al.，2012）。Li et al.（2021）在土壤中检测出总浓度达 335 ng/g 的甲基对硫磷、甲拌磷、对硫磷、伐灭磷等 8 种，Pan et al.（2018）在 241 个样品中 OPP 的检出率达到了 93%，可见，OPP 带来的面源污染普遍存在，不利于生态环境的可持续发展。对于土壤中的 OPP 面源污染，我们可以采用物理修复、化学修复、生物修复、以及联合修复技术进行治理（应欢畅等，2023）。

（2）有机氮农药 有机氮农药主要是氨基甲酸酯类化合物，也包括脒类、酰胺类、硫脲类等化合物，品种主要有西维因、杀虫脒、速灭威等，在环境中较易分解。早期，氨基甲酸酯类杀虫剂约占市场份额的 15%，全球市场容量达 56 亿美元左右（黄会等，2016）。在喷施过程中，40%~60% 的农药散布至空气、土壤、水体等环境介质中，由于其具有一定的水溶性（Kumar et al.，1984），在水体环境中对水生生物有很大的毒性，据统计，0.06~0.30 mg/L 的克百威对鱼类红白细胞的损伤约需 100 d 的时间恢复（Adhikari et al.，2004），对于人类的危害更甚，研究已证实，氨基甲酸酯类杀虫剂对人体淋巴细胞、精子质量、人体内分泌系统产生不同程度的损害。该类农药在环境中检出率较高，赣江水样中检出氨基甲酸酯类农药浓度为 0.2~14.3 ng/L（郑鄂湘等，2007），南湖水样中克百威残留量达 12.4 ng/L（张昊等，2014）。可见，有机氮农药引发的农业面源污染在破坏水体环境的同时，也对人类的健康带来了潜在的危险。

3. 固体废弃物污染

农村生活垃圾及废水、畜禽粪尿排放的日益增多，成为农业面源污染途径的另一主要来源。农村固体废弃物的污染类型可分为生活垃圾、畜禽固体废弃物、农业固体废弃物（薄膜、秸秆等）3 类。

截至 2021 年底，我国农村人口总数为 8.432 亿人（中华人民共和国国家统计局，2020），若按人均每天产生 0.5 kg 废弃物计算，每天约产生 70 万 t 废弃物，农村大量生活垃圾随意堆放，加之处理垃圾的基础设备落后，据统计，全国农村一年的生活垃圾中，约有 1.3 亿 t 为任意放置垃圾（孙显根等，2023），这些任意堆放的垃圾在雨水的冲刷下渗入土体，或直接冲入河道，形成更严重的面源污染。

畜禽养殖场的大规模建设直接加剧了畜禽固体废弃物污染，家畜排放约占农业氮排放的35%（Uwizeye et al.，2020），且牲畜对氮、磷利用效率低，仅有不到一半的被吸收。胡涛等（2010）曾对猪对饲料中氮磷的利用率研究，发现猪对饲料中氮的利用率仅为30%~55%，磷的利用率也只有10%~25%，其余的随着粪便排进环境中富集，与此同时，未经处理的粪便排入土壤后，会导致重金属在土壤中富集，造成土壤污染，被作物吸收后通过食物链传递进入人体，带来更大的风险，畜禽屠宰过程中的废弃物也不利于土壤的健康发展。畜禽养殖场日常排放的硫化氢、甲烷、氨气等有毒气体，造成温室效应的同时，也对牲畜生产性能及人体健康产生危害，据统计，全球畜牧业排放的废气占全球温室气体排放量（不包括CO_2）的80%，占全球总排放量的12%（Havlík et al.，2014）。

农作物秸秆的不当处理，如田间焚烧，造成耕作层温度升高，导致微生物减少，使土壤板结，并且大量烟雾、氮氧化物、悬浮颗粒物的排放，对人体健康有严重的危害（何金钊等，2023）。农用薄膜属于高分子化合物，长期残留在土壤中无法降解，且不具有自身分解的能力，久而久之破坏了土壤结构和肥力，产生严重的"白色污染"，据统计，我国农膜年残留量高达35万t，残膜率达42%。在对新疆废旧地膜调查时研究发现，废旧地膜平均残留量为37.8 kg/hm^2，严重地块达268.5 kg/hm^2（彭训广等，2020）。

三、农业面源污染迁移转化途径

1. 氮、磷元素的迁移转化

农业面源污染的迁移过程实际上就是在降水驱动下，土壤中的化学物质在大气圈、土壤圈、水圈中迁移转化的过程。王静等（2016）指出，形成农业面源污染物迁移转化的路径主要是降雨径流过程、土壤侵蚀过程、地表溶质溶出过程、土壤溶质渗漏过程等共同作用的结果。由于农业面源污染主要以氮磷两种污染为主，所以，研究清楚二者的迁移转化途径也就进一步了解了农业面源污染整体的迁移转化途径，迁移转化过程如图7-1所示。

氮在土壤中主要以铵态氮和硝态氮的形式为主，迁移转化过程包括氨

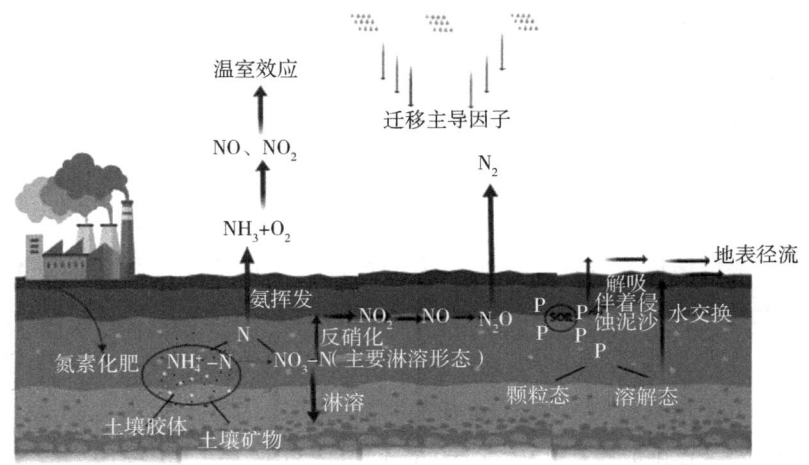

图 7-1 氮素、磷素的迁移转化途径（彩图见文后彩插）

挥发、反硝化作用以及硝态氮的淋溶等。硝态氮在土壤中的性质比较稳定，主要以质流方式迁移，铵态氮则在土壤中呈球形扩散，在土壤中也转变为硝态氮存在（杨攀峰等，2019）。氨挥发将表层土壤中的氮素在土壤、土壤溶液、大气中发生物理化学变化，产生氨挥发到大气中，和氧气反应释放 NO 和 NO_2，造成温室效应。硝化作用则是土壤微生物将氨或铵转化为 NO_2^-，再将其进一步氧化为 NO_3^- 或氧化态氮，反硝化作用则是借助厌氧微生物将 NO_2^-、NO_3^- 还原成 NO、NO_2 迁移的过程，即 $NO_3^- \rightarrow NO_2^- \rightarrow NO \rightarrow N_2O \rightarrow N_2$，最终转化为氮气进入大气（李欠欠等，2015；刘若萱等，2014）。土壤氮素的主要淋溶形态是硝态氮，NH_4^+-N 与土壤胶体吸附后，被固定在土壤中，难以移动，NO_3-N 由于带负电荷，不易被吸附而随水移动，易被施肥、耕作措施、作物类型、土壤类型等影响（张锦源，2019）。

磷的迁移途径主要有挥发、径流和输沙以及垂直淋滤等（Gao et al., 2019；Vaughan et al., 2017）。迁移过程中的磷，以颗粒态磷和溶解态磷为主。迁移过程主要有两种方式：一种是在土壤溶液中的溶解态磷，通过水交换进入地表径流，另一种是吸附在土壤表面，通过解吸和伴着侵蚀泥沙进入地表径流（钟志明，2022）。磷在沉积物—水体界面的迁移转化过程主要包括生物循环、溶解磷的吸附与解吸、磷酸盐的沉淀与溶解以及磷酸盐的沉淀与溶解等（周培疆等，2001）。

2. 有机农药的迁移

有机农药在土壤中的吸附—解吸行为对迁移转化过程起决定作用，迁移过程如图7-2所示。施入自然环境中的农药，一部分在喷施过程中，直接进入大气造成大气污染，另一部分则进入土壤，进入土壤的农药迁移有两种迁移去向，其一为在降水驱动下，通过入渗、深淋和径流过程在土壤—水系统中重新分配（Niu et al.，2022），其二为通过根吸收在作物体内富集。在土壤—水—植物系统中的迁移形式也主要有两种：一是农药分子的不规则运动引起由高浓度向低浓度扩散的过程，二是随水和土壤微粒发生水平和垂直的质体流动，在土壤中逐层分布（莫汉宏等，1997），水平迁移主要通过地表径流，而垂直迁移则主要通过壤中流和侵蚀底泥。土壤剖面、pH、土壤含水量、农药种类等均会影响其迁移过程，孙玉川（2012）研究表明，有机氯农药在SF（水房泉泉域）剖面中迁移能力最强，在HG（后沟泉泉域）剖面上迁移能力最弱，并且在其组分中，硫丹类化合物的迁移能力最强，周丹丹等（2019）研究表明，pH值的变化会影响有机

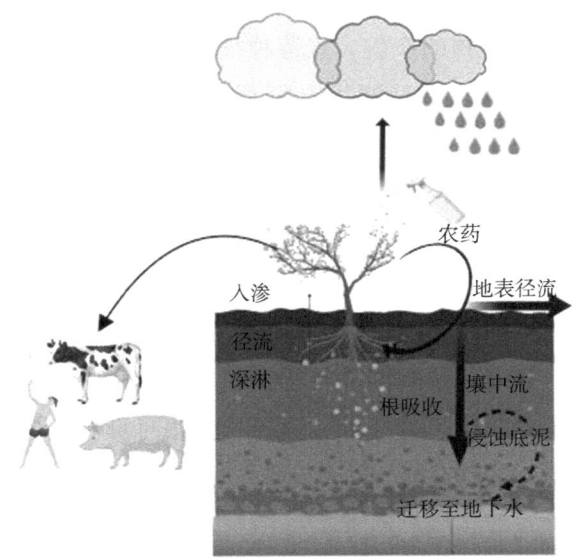

图7-2 农药的迁移（彩图见文后彩插）

污染物的纵向迁移过程。

四、农业面源污染综合控制技术

习近平总书记指出，农业发展不仅要杜绝生态环境欠新账，而且要逐步还旧账，打赢农业面源污染防治攻坚战刻不容缓。农业面源污染是一个复杂的过程，控制应从整个农业生态流域出发进行综合控制。"4R"污染防控体系，即源头减量（reduce）、过程阻断（retain）、养分再利用（reuse）、生态修复（restore），被广泛应用于农业面源污染的治理，该体系致力于从源头控制，因地制宜，对污染物迁移过程进行干扰，在此基础上通过对养分的再利用减少多余养分带来的污染，并且对受污染的环境进行生态修复，达到综合污染控制（常志州等，2013）。本节将农业面源污染的控制措施大体分为农业措施、经济措施、政策措施三大方面，并对目前的控制措施进行了总结归纳，旨在为更全面地治理农业面源污染提出自己的见解。

1. 农业措施

构建绿色农业主体、发展循环农业。推动减污、降碳协同增效是破除农业面源污染防治瓶颈的着力点（冯帅，2023）。从源头上减少农业生产中化学药品的投放及废弃物的产生，规范种植制度、用药制度，完善基础设施，推广新技术，致力于打造环境友好型、资源节约型的农业生产技术（余进祥等，2009）。首先，要因地制宜拓宽秸秆的资源化利用和全量化利用空间，减少秸秆污染。在施肥方式上，采用有机肥替代化肥，在减少化肥施用的基础上，提高作物产量，改善土壤理化性质。在使用农药时，既要注重施用量，也要注重施用时间，尽量选择半衰期短、易降解低毒的农药，并做好农药垃圾的回收处理工作。对于畜禽粪便治理要注重种养结合，对于规模较大的养殖场，要加强环境检测、并配备完善的处理设施，提高粪便收集率。对于农膜带来的污染，要尽量使用可降解农膜，并加强废旧农膜回收利用体系，定点堆放、定点处理（张忠斌等，2016）。农业措施涉及种植业与畜禽养殖业，用好农业治理措施，可切实从源头对农业面源污染进行治理。

2. 经济措施

经济措施主要被广泛应用于发达国家，目前主要有奖励性经济措施和奖惩性经济措施，奖励性经济政策坚持"绿箱政策"，把农业面源污染的控制纳入政府的"绿色支出"，而奖惩性经济措施坚持"谁污染谁治理"，通过税收、排污费等经济杠杆控制污染源的排放（冯帅，2023）。丹麦、挪威、匈牙利通过对化肥、农药征收税费来控制对其的使用，荷兰对超量使用有机肥的农场收取排污费（周早弘等，2007），减少化肥、农药带来的面源污染，而这种奖惩性经济在我国农村地区适用性不高，近年来，我国虽未明确采用哪一种经济措施，但在充分考虑农民经济收入的现实条件下，花费大量资金推广普及农村户用沼气、兴建畜禽粪便集中处理场、平衡施肥，这实际上也是一种奖励性政策。因此，实施"绿箱政策"，把农业面源污染纳入国家的"绿色支出"，对农业生产进行生态补偿，提升农业生产力，对于从源头控制农业面源污染具有现实意义（余进祥等，2009）。

3. 政策措施

政策措施为防治定方向、绘蓝图、指路径。仅依靠农业措施和经济措施来控制面源污染是不现实的，需建立健全农业面源污染控制法律法规体系，指导各部门切实落实污染控制工作。2021 年 3 月 20 日，生态环境部办公厅、农业农村部办公厅印发《农业面源污染治理与监督指导实施方案（试行）》，以"统筹推进、突出重点"为基本原则，采用整体性思维防治，切实对农药、化肥以及畜禽养殖等带来的污染提出明确治理方案（尹建锋等，2017）。农业农村部印发《国家农业绿色发展先行区整建制全要素全链条推进农业面源污染综合防治实施方案》，"全链条、全要素"助力 2025 年建成农业面源防治基地（刘静等，2023），引领农业发展全面绿色转型。与此同时，各个地市级在国家主旋律的引领下，规范农业面源污染防治的地方性法规，助力打赢农业面源污染防控攻坚战，泰州市 2023 年 6 月已通过《泰州市农业面源污染防治条例》，于同年 9 月 1 日开始实行，标志全国各地农业面源防治工作步入制度化、规范化、法治化阶段。

五、总结及展望

本章总结了当前农业面源污染的现状，以及带来的主要危害，详细阐述了污染物的迁移转化机制，并就 3 种主要来源途径——化肥污染、农药污染、固体废弃物污染进行讨论，最后，从农业措施、经济措施、政策措施 3

个方面，指出当前主要的防治措施及各个防治措施的优缺点，旨在助推建绿色农业发展，打赢面源污染防控攻坚战。目前，我国农业面源污染防治工作全面向好，奋力探索形成农业面源污染综合防治整体解决方案，但仍需加强以下几个方面的研究。

（1）应因地制宜设计符合我国农业面源污染的研究模型，目前较为成熟且应用较多的 SWAT 和 Ann AGNPS 模型来源于欧美国家和地区，在应用过程中会因地域、地形等问题产生误差，无法精准应用，所以应当按我国地域特色设计能反映区域时空变异特征的面源污染机理模型。

（2）应加大农业面源污染物的研究范围，目前对于污染物的研究集中于氮磷两种元素，其迁移过程也集中于这两种，而实际引起面源污染的不仅只有这两种元素，重金属、抗生素、微塑料等均会严重污染自然环境，导致农业面源污染，着力控制源头，加大源头污染物的监测对于控制面源污染也有不可或缺的作用。

参考文献

常珺枫，刘莹，李陈，等，2023. 农田氮磷流失特征及影响因素研究［J］. 中国农学通报，39（15）：69-75.

常志州，黄红英，靳红梅，等，2013. 农村面源污染治理的"4R"理论与工程实践——氮磷养分循环利用技术［J］. 农业环境科学学报，32（10）：1901-1907.

陈莉，李超，马海峰，2015. 有机农药污染土壤的修复方法研究进展［J］. 环境保护与循环经济，35（7）：39-42.

程子珍，范先鹏，夏颖，等，2023. 生草覆盖及配合化肥减量对柑橘园地表径流氮磷流失的影响［J/OL］. 农业资源与环境学报：1-13.

打好农业面源污染防治攻坚战［J］. 中国畜牧业，2023（11）：8.

丁燕，杨宪龙，同延安，等，2015. 小麦-玉米轮作体系农田氮素淋失特征及氮素表观平衡［J］. 环境科学学报，35（6）：1914-1921.

冯帅，2023. 论农业面源污染防治中碳汇制度的构建［J］. 法学（7）：148-163.

何金钊，2023. 农业面源污染现状及治理措施［J］. 河北农机（2）：126-128.

胡涛，王加启，卜登攀，等，2010. 畜禽粪尿氮污染情况及降低污染的措施［J］. 中国畜牧兽医，37（2）：207-210.

黄会，刘慧慧，王共明，等，2016. 氨基甲酸酯类杀虫剂的毒性、检测方法及其在水环境中残留研究进展 [J]. 中国渔业质量与标准, 6 (4): 23-30.

康文东, 倪福全, 邓玉, 等, 2023. 利用SWAT模型分析乌江流域蓝绿水时空分布特征 [J]. 中国农业气象, 44 (6): 469-478.

李欠欠, 李雨繁, 高强, 等, 2015. 传统和优化施氮对春玉米产量、氨挥发及氮平衡的影响 [J]. 植物营养与肥料学报, 21 (3): 571-579.

凌文翠, 范玉梅, 方瑶瑶, 等, 2018. 京津冀地区畜禽养殖业抗生素污染现状分析 [J]. 环境工程技术学报, 8 (4): 390-397.

刘静, 金书秦, 吴志旻, 2023. 从单要素减量到系统化推进——《国家农业绿色发展先行区整建制全要素全链条推进农业面源污染综合防治实施方案》解读 [J]. 环境保护, 51 (8): 33-36.

刘若萱, 贺纪正, 张丽梅, 2014. 稻田土壤不同水分条件下硝化/反硝化作用及其功能微生物的变化特征 [J]. 环境科学, 35 (11): 4275-4283.

莫汉宏, 安凤春, 杨克武, 等, 1997. 单甲脒盐酸盐等农药在土壤中的淋溶行为 [J]. 环境化学 (4): 321-326.

彭训广, 王彩虹, 孙力, 等, 2010. 农用薄膜对土壤污染现状、原因与治理对策 [J]. 价值工程, 29 (4): 83.

丘雯文, 钟涨宝, 原春辉, 等, 2018. 中国农业面源污染排放的空间差异及其动态演变 [J]. 中国农业大学学报, 23 (1): 152-163.

生态环境部. 第二次全国污染源普查公报 [EB/OL]. (2020-06-29) [2021-02-23]. http://www.mee.gov.cn/xxgk2018/xxgk/xxgk01/202006/t20200610-783547.html.

宋家永, 李英涛, 宋宇, 等, 2010. 农业面源污染的研究进展 [J]. 中国农学通报, 26 (11): 362-365.

孙显根, 李碧峰, 韩桂成, 2023. 节能环保下农村固体废弃物污染防治技术研究 [J]. 环境科学与管理, 48 (3): 55-60.

孙玉川, 2012. 有机氯农药和多环芳烃在表层岩溶系统中的迁移、转化特征研究 [D]. 重庆: 西南大学.

王静, 郭熙盛, 吕国安, 等, 2016. 农业面源污染研究进展及其发展态势分析 [J]. 江苏农业科学, 44 (9): 21-24.

王萌, 周丽丽, 耿润哲, 2020. 农业面源污染治理的技术与政策研究进展 [J]. 环境与可持续发展, 45 (1): 98-103.

王思如, 杨大文, 孙金华, 等, 2021. 我国农业面源污染现状与特征分析 [J]. 水资源保护, 37 (4): 140-147, 172.

武淑霞，2005. 我国农村畜禽养殖业氮磷排放变化特征及其对农业面源污染的影响［D］. 北京：中国农业科学院.

杨滨键，尚杰，于法稳，2019. 农业面源污染防治的难点、问题及对策［J］. 中国生态农业学报（中英文），27（2）：236-245.

杨攀峰，张燕，邱明，2019. 农业面源污染研究进展［C］//中国环境科学学会（Chinese Society for Environmental Sciences）. 2019 中国环境科学学会科学技术年会论文集（第一卷）：178-184.

尹建锋，刘代丽，习斌，2017. 中国农业面源污染治理市场主体培育及国际经验借鉴［J］. 世界农业（8）：25-29.

应欢畅，冯英，2023. 基于专利申请分析的有机磷农药污染土壤修复技术研究进展［J/OL］. 应用与环境生物学报：1-10.

余进祥，刘娅菲，2009. 农业面源污染理论研究及展望［J］. 江西农业学报，21（1）：137-142.

翟郧秋，张芊芊，刘芳，等，2022. 我国畜禽养殖业碳排放研究进展［J］. 华南师范大学学报（自然科学版），54（3）：72-82，2.

张昊，刘传志，徐影，等，2014. 生物荧光传感器检测环境水样中氨基甲酸酯类农药残留［J］. 分析化学，42（1）：104-108.

张锦源，2019. 不同水肥管理对设施菜田黑土氮素迁移转化的影响［D］. 长春：中国科学院大学（中国科学院东北地理与农业生态研究所）.

张忠斌，张睿智，2016. 农业面源污染的主导因素与防治对策［J］. 现代农业科技（12）：227，238.

赵永宏，邓祥征，战金艳，等，2010. 我国农业面源污染的现状与控制技术研究［J］. 安徽农业科学，38（5）：2548-2552.

郑鄂湘，2007. 液质联用快速分析饮用水中环境激素方法研究［D］. 南昌：南昌航空大学.

中共中央关于制定国民经济和社会发展第十四个五年规划和二〇三五年远景目标的建议［EB/OL］.（2020-11-03）［2021-02-23］. http：//www.ce.cn/xwzx/gnsz/szyw/202011/03/t20201103-35969 108.shtml.

中国江苏网. 泰州市农业面源污染防治条例［EB/OL］.［2023-08-03］. jschina.com.cn.

中华人民共和国国家统计局. 国家数据［DB/OL］.［2020-07-27］. http：//www.stats.gov.cn.

钟志明, 2022. 降雨驱动下农业小流域磷素的迁移特征 [D]. 武汉：华中农业大学.

周丹丹, 王薇, 张军, 等, 2019. 生物炭中溶解性有机质对污染物环境行为的影响 [J]. 生态环境学报, 28 (7)：1492-1498.

周林飞, 郝利朋, 张玉龙, 2012. 辽宁省浑河流域不同施肥方式下农田氮素随地表径流与壤中流流失特征 [J]. 水土保持学报, 26 (4)：69-72, 76.

周培疆, 郑振华, 余振坤, 等, 2001. 普通小球藻生长与武汉东湖水体磷形态的相关研究 [J]. 水生生物学报 (6)：571-576.

周早弘, 张敏新, 2007. 农业面源污染的外部经济性及其对策研究 [J]. 江西农业学报 (11)：86-88, 92.

ADHIKARI S, SARKAR B, CHATTERJEE A, et al., 2004. Effects of cypermethrin and carbofuran on certain hematological parameters and prediction of their recovery in a freshwater teleost, Labeo rohita (Hamilton) [J]. Ecotoxicology and Environmental Safety, 58 (2)：220-226.

CHEN X, JIANG N, CHEN Z, et al., 2017. Response of soil phoD phosphatase gene to long-term combined applications of chemical fertilizers and organic materials [J]. Applied Soil Ecology, 119：197-204.

GAO R, DAI Q, GAN Y, et al., 2019. The production processes and characteristics of nitrogen pollution in bare sloping farmland in a karst region [J]. Environmental Science and Pollution Research, 26：26900-26911.

HAVLÍK P, VALIN H, HERRERO M, et al., 2014. Climate change mitigation through livestock system transitions [J]. Proceedings of the National Academy of Sciences, 111 (10)：3709-3714.

HUANG R, GAO X, WANG F, et al., 2020. Effects of biochar incorporation and fertilizations on nitrogen and phosphorus losses through surface and subsurface flows in a sloping farmland of Entisol [J]. Agriculture, Ecosystems & Environment, 300：106988.

KUMAR S, PANT S C, 1984. Organal damage caused by aldicarb to a freshwater teleost Barbus conchonius Hamilton [J]. Bulletin of Environmental Contamination and Toxicology, 33：50-55.

LI Z, SUN J, ZHU L, 2021. Organophosphorus pesticides in greenhouse and open-field soils across China：Distribution characteristic, polluted pathway and health risk [J]. Science of the Total Environment, 765：142757.

LIAN L, JIANG B, XING Y, et al., 2021. Identification of photodegradation product of organophosphorus pesticides and elucidation of transformation mechanism under simulated sunlight irradiation [J]. Ecotoxicology and Environmental Safety, 224: 112655.

NIU Y H, WANG L, WANG Z, et al., 2022. High-frequency monitoring of neonicotinoids dynamics in soil-water systems during hydrological processes [J]. Environmental Pollution, 292: 118219.

PAN L, SUN J, LI Z, et al., 2018. Organophosphate pesticide in agricultural soils from the Yangtze River Delta of China: concentration, distribution, and risk assessment [J]. Environmental Science and Pollution Research, 25: 4-11.

SHANG X, WANG X, ZHANG D, et al., 2012. An improved SWAT-based computational framework for identifying critical source areas for agricultural pollution at the lake basin scale [J]. Ecological Modelling, 226: 1-10.

SHEN Z, LIAO Q, HONG Q, et al., 2012. An overview of research on agricultural non-point source pollution modelling in China [J]. Separation and Purification Technology, 84: 104-111.

TAGUAS E V, YUAN Y, BINGNER R L, et al., 2012. Modeling the contribution of ephemeral gully erosion under different soil managements: A case study in an olive orchard microcatchment using the AnnAGNPS model [J]. Catena, 98: 1-16.

UWIZEYE A, DE BOER I J M, OPIO C I, et al., 2020. Nitrogen emissions along global livestock supply chains [J]. Nature Food, 1 (7): 437-446.

VAUGHAN M C H, BOWDEN W B, SHANLEY J B, et al., 2017. High-frequency dissolved organic carbon and nitrate measurements reveal differences in storm hysteresis and loading in relation to land cover and seasonality [J]. Water Resources Research, 53 (7): 5345-5363.

WANG H, HE P, SHEN C, et al., 2019. Effect of irrigation amount and fertilization on agriculture non-point source pollution in the paddy field [J]. Environmental Science and Pollution Research, 26: 10363-10373.

YU C Q, HUANG X, CHEN H, et al., 2019. Managing nitrogen to restore water quality in China [J]. Nature, 567 (7749): 516-520.

专题 8 重金属污染修复及典型技术案例

一、土壤重金属污染对人体健康的危害

重金属通过各种途径进入农田土壤后,主要通过食物链和农业生产过程中多种暴露途径(口、鼻、皮肤接触等)进入人体,对人体健康造成严重危害(表8-1)。

表 8-1 重金属对人体的危害

元素	对人体的危害
Cu	过量的铜会刺激消化系统,使血红蛋白变性,影响机体的正常代谢,导致心血管系统疾病
Pb	微量的铅对人体的神经系统和血液系统就会产生影响,特别是神经系统;对儿童的智力产生影响;铅也可造成流产、不孕以及对胎儿智力产生影响
Cr	六价铬化合物及其盐类毒性最大(比三价铬几乎大100倍),三价铬次之,二价铬最小;过量的铬会使人体全身中毒、引起皮炎、湿疹、气管炎等,有致癌作用
Cd	过量的镉会对人体肾、骨和肝发生病变,导致贫血、神经痛和关节痛等
Ni	过量的镍会引起急性中毒,出现恶心、眩晕、头痛等,还可引起严重水肿、咳嗽、心动过速等,严重者可致死;长期少量接触会引起慢性中毒,诱发癌症发病率增加
As	会导致皮肤癌和肺癌;诱发畸胎;砷化物能抑制酶的活性,干扰人体代谢过程,使中枢神经系统发生紊乱,并最终导致癌症
Hg	损伤中枢神经系统,重者诱发肝炎和血尿,轻者口腔炎、易怒、情绪不稳定

注:引自董良潇(2017)。

二、重金属污染土壤修复技术

随着社会的不断进步、经济的快速发展和生活水平的稳步提高,人民对粮食安全和人体健康的需求日益增长。因此,治理土壤重金属污染已成

为亟待解决的严重环境问题。重金属污染土壤的修复是通过一定的修复措施，使受污染的土壤逐步恢复正常的生态功能。常用的修复技术包括物理修复、生物修复（植物、动物和微生物修复）、化学修复及其联合修复。目前，治理土壤重金属污染的途径主要有：通过添加修复材料，促进重金属向残渣态转化，降低其在环境中的迁移性和生物有效性；通过微生物、有机物等活化土壤重金属，利用超积累植物吸收、淋洗等方法从土壤中去除（王玉军等，2016）。

1. 物理修复技术

物理修复技术是指通过各种工程措施和热脱附等技术将重金属从土壤中去除或分离。工程措施具有去除重金属彻底性和稳定性的特点，但工程量大、处理费用较高，易破坏土壤结构，导致处理后的土壤不宜农用。此方法更适用于小面积重度污染土壤的修复（骆永明，2009）。

2. 生物修复技术

生物修复技术是指利用动物、植物或微生物的生命代谢活动，使土壤中重金属被吸收、富集或转化，达到无害化或降低生物毒性，改善或提高土壤质量的过程。植物修复是利用超积累植物对重金属的吸收特性和运转能力，将重金属转移到植物地上部分，并将地上部分收获后集中处理来降低土壤重金属的浓度，降低重金属的毒害。植物修复作用方式有植物提取、根际过滤、植物辅助、植物固化、植物转化和植物挥发等技术，其中植物提取是目前研究最多的修复方式，而超富集植物是适合植物提取的理想植物。如蜈蚣草对 As 具有超强的富集能力，且吸收的 As 在根部被高效还原后转移到地上部储存，地上部 As 的浓度可达干物质重的 1% 以上（Chen et al.，2002）。微生物虽然不能将重金属降解，但其直接参与重金属的生物地球化学循环，可以对它们进行固定、移动和转化，改变它们在环境中的迁移特性和形态，从而进行重金属污染的生物修复。动物修复是指土壤中的动物对重金属的吸收、运载和富集的过程。土壤动物可以通过自身吞食主动摄入污染物和污染物从土壤溶液穿过体表进入其体内的被动扩散作用吸收重金属元素，待其富集重金属后，采用电击、清水等方法驱出，再集中处理，从而在一定程度上降低土壤中重金属的含量（Blouin et al.，2013）。

3. 化学修复技术

相对于物理修复，化学修复技术发展较早，化学修复技术主要有土壤固化—稳定化、淋洗、氧化—还原、光催化降解和电动力学修复等。化学措施主要是向污染土壤中添加磷酸盐、硅酸盐、碳酸盐、生物炭等降低重金属的溶解性，从而降低其生物有效性。由于化学修复技术成熟简单、易操作、快速，可进行大面积的场地处理，而被广泛应用到土壤重金属修复中（Sneddon et al., 2006）。常用的土壤重金属稳定化材料有磷酸盐、碳酸盐、硅酸盐和有机物质，不同修复剂对重金属的作用机理不同。

采用含磷物质修复重金属污染土壤，是化学原位钝化修复中经济、有效的修复方法。磷酸盐治理重金属污染土壤时，并不能改变重金属的总量，而是通过改变重金属在土壤—植物系统中的形态来降低重金属的生物有效性或者毒性。磷酸盐是一种重要的低成本修复材料，广泛应用于土壤重金属的修复中，特别是对 Pb 的固定修复。常用的磷酸盐有磷灰石族矿物、骨粉、磷肥和磷酸盐等，含磷物质能显著降低土壤中重金属的溶出、转移及生物可利用性。目前含磷物质主要应用于 Pb 污染土壤和水体中的化学固定。磷酸盐的添加可促进 Pb 从交换态、碳酸盐结合态、铁锰氧化物结合态、有机物结合态转化为稳定的磷酸盐或者残渣态，从而降低 Pb 的可移动性和生物有效性。磷酸盐和重金属反应的产物是难溶的磷酸盐，在环境中的稳定性和自然形成矿物基本相同（Chen et al., 2003）。

化学钝化修复主要选择自然界中天然存在或改性后的矿物材料作为修复材料。化学修复材料不仅可以调整土壤化学属性，调节土壤 pH，增加土壤养分，还可通过吸附、固定等降低土壤重金属的生物有效性和生物可利用性。

4. 联合修复技术

为了恢复重金属污染农田土壤的生态功能，联合修复技术受到了许多研究者的特别关注。联合修复技术是利用土壤—微生物—植物的共存关系，充分发挥各种修复技术的优势，最大程度地促进植物的生长吸收，从而提高植物修复的效率（Pongrac et al., 2009）。有研究者认为真菌和十字花科植物联合修复重金属污染土壤具有广阔的应用前景。然而，微生物—植物联合修复中最常见的是重金属污染土壤普遍缺乏营养物质，不能维持细菌快速生长。生物炭作为土壤改良剂不仅可以吸附重金属，还可以作为微生物制剂潜在载体。因此生物炭—细菌—植物联合可为重金属污染场所的治理提供一种有前景的绿色途径（Harindintwali et al., 2020）。

三、磷酸盐修复重金属铅污染土壤案例

土壤铅污染主要是由人为活动引起的环境问题（Hou et al., 2017；Zhao et al., 2015）。土壤中的铅污染因其对自然环境的不利影响而引起了全世界研究者的关注（Ma et al., 1995；Valipour et al., 2016）。土壤中的铅也可通过食物链对人类健康构成威胁（He et al., 2013）。因此，人们采用了多种方法对铅污染的土壤或地下水进行修复。在这些修复方法中，化学固定是一种很有前景的技术，具有成本低、效果好等优点（Dai et al., 2017；Huang et al., 2019）。

1. 磷矿粉及草酸活化磷矿粉钝化土壤中的铅

磷酸盐材料（如磷矿和由磷矿制成的磷肥）可以有效地固定土壤和水中的铅（Li et al., 2017；Melamed et al., 2003；Park et al., 2011；Teng et al., 2019）。磷酸盐矿物（PR）对铅的固定机理主要是由于磷酸盐诱导的重金属沉淀或共沉淀的形成，其次是表面吸附或络合作用（Melamed et al., 2003）。磷矿粉具有成本低、效果好的优点，是一种经济有效的 Pb 固定方法。然而，由于其碱性和较低的溶解度，磷矿粉不能像可溶性磷酸盐钝化剂那样有效地固定 Pb，在土壤 pH 值高于 5.5 时，影响土壤中 Pb 与磷酸盐沉淀的形成（Fayiga and Nwoke, 2016）。因此，磷矿粉的应用是受限的。提高中低品位磷矿粉中磷的有效性是有效利用大量磷矿粉资源的关键。大量研究表明，使用无机酸、有机酸或溶磷菌可以增强磷矿粉对土壤中铅的固定作用（Cao et al., 2009；Huang et al., 2019；Huang et al., 2016；Jiang et al., 2012；Su et al., 2015；Wei et al., 2018）。溶磷菌可以通过释放有机酸降低 pH 值来增加磷矿粉中 P 的溶解（Khan et al., 2007；Mander et al., 2012；Park et al., 2011）。低分子量有机酸（草酸、柠檬酸、乙酸、琥珀酸等）是植物根系或微生物分泌物的主要成分，可以提高磷酸盐在土壤中的溶解度和有效性（Huang et al., 2016；Khan et al., 2007；Mander et al., 2012）。

大量研究表明，活化磷矿粉可以用于修复 Pb、Cd、Cu 等重金属污染的土壤。在 Pb 污染砖红壤中施加磷矿粉（PR）和经草酸活化的磷矿粉（APR）后，采用 Tessier 连续提取法分析了外源铅污染的砖红壤经磷矿粉和经草酸活化的磷矿粉处理后土壤中铅形态的变化。研究结果表明：添加磷矿粉可有效降低砖红壤中交换态铅质量分数，大幅度提高稳定态铅质量分数，且草酸活化磷矿粉的效果更好（图 8-1）。同时，草酸活化后磷矿粉的释磷能力增加，施用磷矿粉和草酸活化磷矿粉后钝化剂所释放的磷对环境构成风险可能性极小。

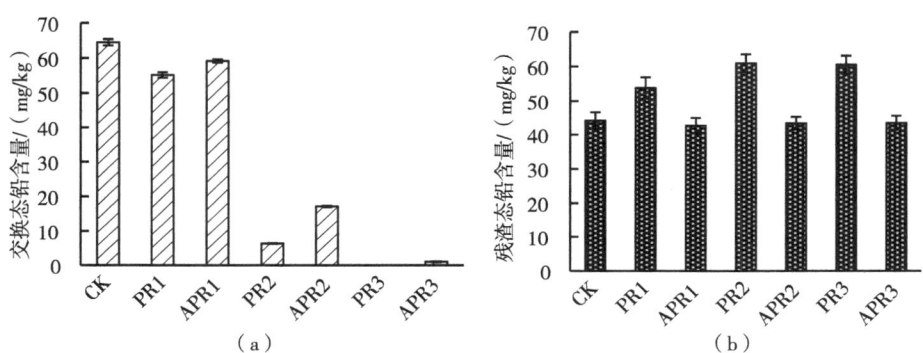

图 8-1 砖红壤施加草酸活化磷矿粉和未活化磷矿粉后交换态铅（a）和残渣态铅含量（b）（姜冠杰等，2012）

因此，采用草酸活化磷矿粉可以更有效地固定土壤中的 Pb，由于提高了磷的可溶性，磷的有效性增加（Elouear et al.，2008；Jiang et al.，2012；Su et al.，2015）。然而，酸处理的磷矿粉存在 pH 值降低的潜在风险（Cao et al.，2009；Wei et al.，2014）。之前的研究表明，草酸活化磷矿（APR）在较低 pH 条件下，由于有效磷含量高，可以有效地固定水和土壤中的铅（Jiang et al.，2012；Su et al.，2015）。APR 中额外的可溶性磷可以提高土壤中磷的有效性，特别是在磷严重不足的情况下（Jiang et al.，2012；Su et al.，2015）。然而，水体系的研究表明，使用草酸活化磷矿粉，反应体系的 pH 值显著降低，这些影响可能导致反应体系进一步酸化，特别是对于缓冲性差的土壤。在酸化土壤中较低的 pH 值条件下，污染土壤中重金属的移动性和有效性增加（Muhammad et al.，2009）。因此，应谨慎使用酸活化磷矿粉钝化农田土壤中重金属。

黏土矿物在环境中发挥着重要作用,作为污染物的天然清除剂,通过离子交换或吸附与阳离子或阴离子结合。高岭石是红壤中典型的黏土矿物,具有1∶1的结构类型和可变电荷。由于高岭石的层间结构紧密,大多数吸附发生在其边缘和表面(Bhattacharyya and Gupta, 2008)。高岭石通过边面羟基断键的质子化或去质子化和其边缘表面受pH变化影响的可变电荷来增强或抑制污染物的吸附。研究表明,磷的吸附依赖于离子强度和pH。当pH值从2.0变化到4.0时,高岭石对磷的吸附几乎没有明显的下降,但随着pH值从4.0增加到10.0,其吸附量急剧下降。在强酸性条件下,由于静电吸引,高岭石表面可能获得正电荷,阴离子的吸附增加,如磷酸根离子。研究结果均表明,高岭石对磷酸盐的吸附与pH有关,而磷酸盐的等温吸附可以用Freundlich或Langmuir模型拟合得很好(Kamiyango et al., 2009;Moharami and Jalali, 2013)。

此外,高岭石的结构特征影响其与污染元素的反应,对重金属污染元素在水和土壤环境中的迁移和转化产生深远影响(Bhattacharyya and Gupta, 2008;Otunola and Ololade, 2020;Yadava et al., 2019)。高岭石具有净零电荷表面,但其在反应中表现出的活性主要是由于在边面断键所带的负电荷引起(Bhattacharyya and Gupta, 2008;Srivastava et al., 2005)。高岭石对不同pH溶液中有毒元素的吸附大致可以用两种结合位点来描述:①弱酸性位点能够进行离子交换,如非专性吸附;②Al-OH的两性表面羟基通过形成内圈络合物进行专性吸附(Adebowale et al., 2006)。研究表明,离子交换在低pH值下起主要作用,而随着pH值的增加有利于专性吸附(Liu et al., 2016)。金属离子的吸附通常伴随着氢离子从矿物表面的释放。因此,金属离子的吸附与氢离子的释放是相关的。因此,金属离子的吸附量随着溶液pH值的增加而增加(Gupta and Bhattacharyya, 2012;Unuabonah et al., 2009)。高岭石对Pb和P都有吸附作用。而在较低pH条件下,由于草酸活化磷矿粉具有多余的有效磷,对水和土壤中的Pb都有固定作用。因此,高岭石会影响磷的有效性,进而影响铅的去除率。此外,高岭石的加入会如何影响体系的pH。因此采用高岭石、草酸活化磷矿粉(APR)以及高岭石与APR混合(高岭石+APR)研究其对模拟废水中铅的去除效果和机理。

2. 高岭石、APR 和 "高岭石+APR" 对铅的去降

高岭石、APR 和 "高岭石+APR" 对铅的去除率如图 8-2 所示。随着 Pb 初始浓度从 0 增加到 400 mg/L，高岭石的去除率从 51.85% 急剧下降到 6.91%；APR 的去除率在 97.15% ~ 99.35% 变化；"高岭石+APR" 的 Pb 去除率先从 87.14% 上升到 95.57%，然后趋于平稳。随着 Pb 浓度的增加，高岭石对 Pb 的去除率降低，而在 400 mg/L Pb 时，APR 和 "高岭石+APR" 对 Pb 的去除率均接近 100%。

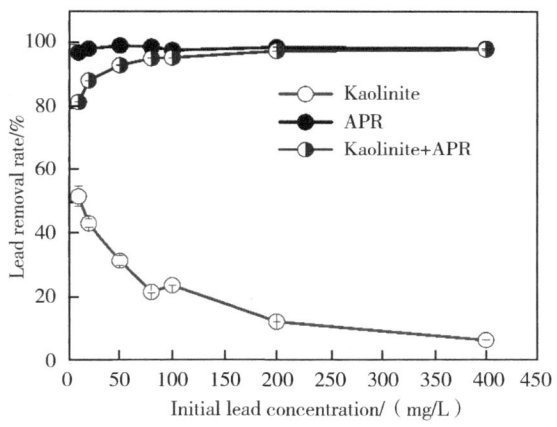

图 8-2 初始 Pb 浓度对高岭石、APR 和 "高岭石+APR" 的 Pb 去除率的影响

（1）平衡溶液的 pH 和 P 浓度 图 8-3a 显示了 3 种反应中平衡溶液的 pH 值随初始铅浓度的增加而变化。随着 Pb 初始浓度的增加，高岭石溶液的 pH 值从 4.77 降至 4.15，APR 溶液从 3.52 降至 3.13，"高岭石+APR" 溶液从 4.12 降至 3.41。与高岭石反应的 pH 值在初始 Pb 浓度为 0 mg/L 时达到最大值，在初始 Pb 浓度为 200 mg/L 时达到最小值。在 APR 处理时，pH 值在初始 Pb 浓度为 0 mg/L 时最大，在初始 Pb 浓度为 100 mg/L 时最小。在 "高岭石+APR" 处理时，pH 值在 Pb 初始浓度为 10 mg/L 时达到最大值，在 Pb 初始浓度为 400 mg/L 时达到最小值。在 Pb 初始浓度相同时，3 个反应平衡溶液的 pH 值依次为高岭石＞"高岭石+APR"＞APR。3 种反应的平衡液中 P 浓度变化如图 8-3b 所示。在高岭石处理中检测不到磷，因此高岭石处理中不释放 P。在 "高岭石+APR" 与 Pb 反应后的平衡溶液中，

P 浓度在 341.4~365.6 mg/L 略有变化，而 APR 处理的 P 浓度在 349.1~371.5 mg/L 略有变化，两者都随着初始 Pb 浓度的增加而略有变化。在 Pb 初始浓度为 50 mg/L 和 200 mg/L 时，"高岭石+APR" 和 APR 的处理 P 浓度最大；Pb 初始浓度为 400 mg/L 时 P 浓度最小。在初始 Pb 浓度相同时，3 种反应的平衡溶液 P 浓度顺序为 APR＞"高岭石+APR"＞高岭石。

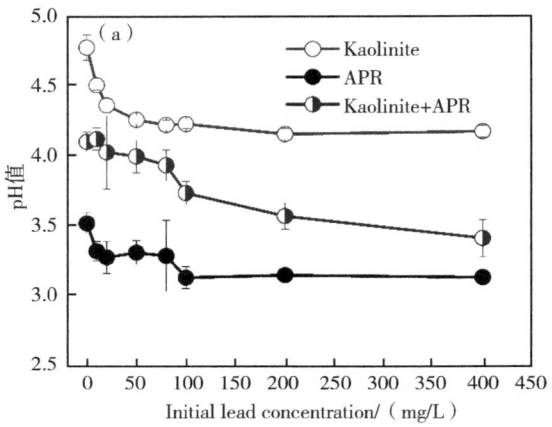

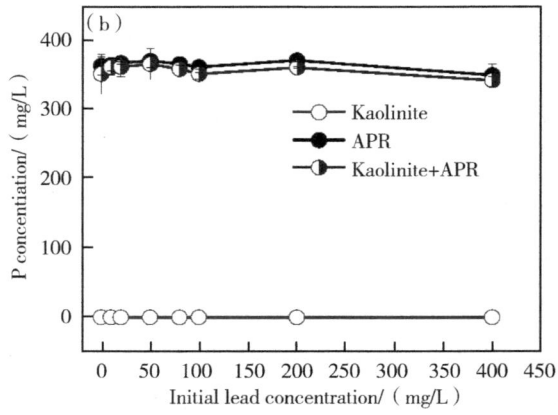

图 8-3 初始 Pb 浓度对平衡溶液 pH（a）和 P 浓度（b）的影响

（2）反应残渣 X 射线衍射图 将高岭石与 Pb 反应后的残渣采用 XRD 表征，如图 8-4a 所示，主要为高岭石的衍射峰，最终产物中未见含铅矿物。APR 和"高岭石+APR"与 Pb 反应后，存在较强的含水草酸钙峰和较弱的氟磷灰石峰（图 8-4b，c），这些峰与反应前 APR 中观察到的峰相同。APR 与 Pb 反应后，在 20.97°、26.92° 和 29.40° 出现新的峰，这是磷酸铅 [$Pb_3(PO_4)_2$] 的衍射峰（图 8-4b）。在"高岭石+APR"与 Pb 的反应中也观察到新的峰出现，也是磷酸铅的衍射峰（图 8-4c），分别出现在 20.97° 和 26.92°，但峰强未有 APR 与 Pb 反应时强。

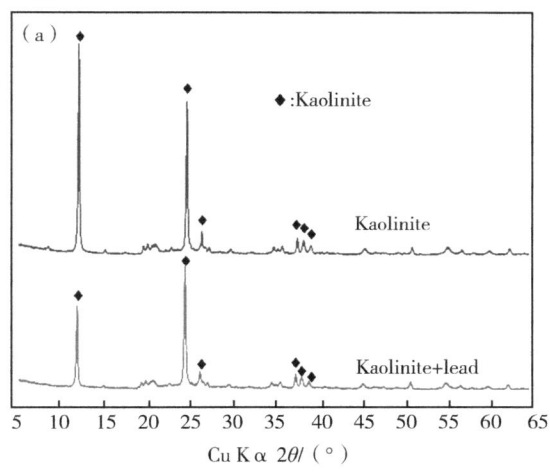

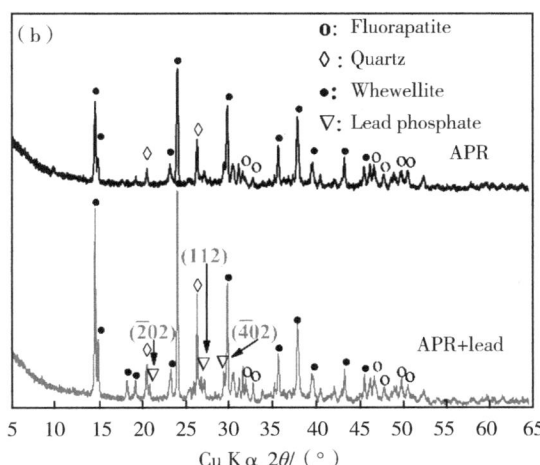

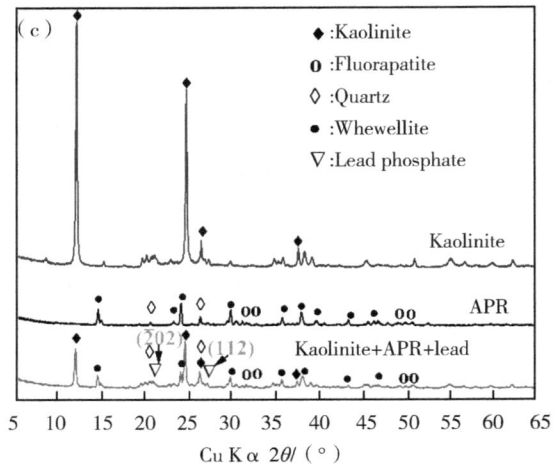

图 8-4 高岭石（a）、APR（b）、"高岭石+APR"（c）反应残留物的 XRD 谱图（彩图见文后彩插）

（3）高岭石、APR、"高岭石+APR"的残渣解吸率 以下所指的高岭石、APR 和"高岭石+APR"是指与初始浓度为 200 mg/L 的 Pb 发生反应的残余物。图 8-5 显示了在初始 Pb 浓度为 200 mg/L 时，高岭石、APR 以及"高岭石+APR"的 Pb 解吸速率随时间的变化。残余物经过 1 mol/L CH_3COONH_4 和 0.1 mol/L EDTA 处理之后，随着时间从 10 min 增加到 480 min，

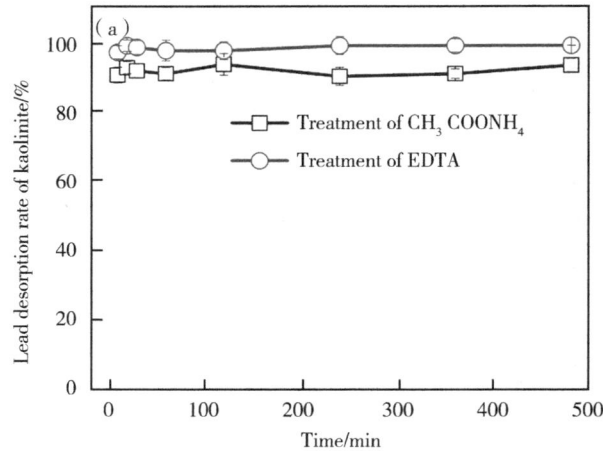

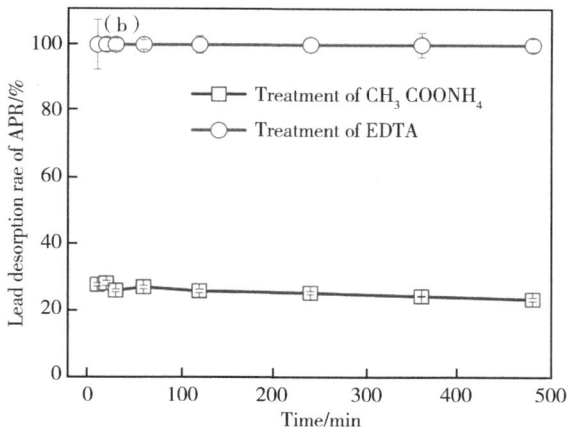

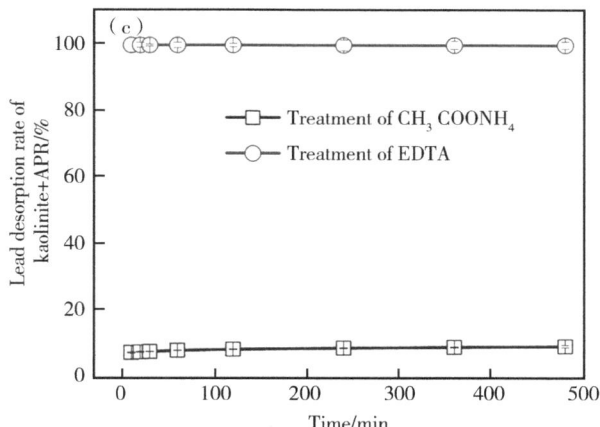

图 8-5 高岭石 (a)、APR (b) 和 "高岭石+APR" (c)
残留物的 Pb 解吸速率随时间的变化

高岭石的 Pb 解吸率分别从 91.44% 增加到 94.36% 和从 98.11% 增加到 100% (图 8-5b)。所做的处理均在 480min 达到最大解吸率。高岭石中两个处理的铅解吸率无显著差异。然而,在 APR 中,两种解吸剂处理的 Pb 解吸率差异显著,在 1 mol/L CH_3COONH_4 时,Pb 的解吸率从 23.02% 增加到 27.82%,在 0.1 mol/L EDTA 时,Pb 的解吸率达到 100%(图 8-5b)。1 mol/L CH_3

COONH$_4$处理 APR 的解吸速率在初始阶段缓慢上升,随着时间的增加,解吸速率略有下降。当 EDTA 浓度为 0.1 mol/L 时,解吸率始终保持 100%。与高岭石和 APR 不同,1 mol/L CH$_3$COONH$_4$ 处理的"高岭石+APR"的 Pb 解吸率很低,从 6.77% 上升到 8.64%。在 0.1 mol/L EDTA 处理下,APR 和"高岭石+APR"的 Pb 解吸率都接近 100%(图 8-5c)。

3. 高岭石、APR 及"高岭石+APR"的除铅机理

采用 Langmuir 等温吸附方程对高岭石、APR 以及"高岭石+APR"的铅去除效果进行拟合(图 8-6)。结果表明,Langmuir 等温吸附方程可以很好地描述高岭石除铅过程(图 8-6a)。在铅与高岭石的反应中,虽然铅吸附量增加,但随着初始 Pb 浓度的增加,Pb 去除率从 51.85% 下降到 6.91%。与高岭石去除 Pb 不同,APR 和"高岭石+APR"去除 Pb 的过程不符合 Langmuir 方程(图 8-6b,c)。Pb 的去除率一直很高,APR 的去除率从 97.15% 增加到 99.35%,"高岭石+APR"的去除率从 87.14% 增加到 98.18%。APR 对 Pb 的去除量高于"高岭石+APR"(图 8-6b 和 c)。在 APR 和"高岭石+APR"两种处理下,Pb 的去除率几乎相同。因此,高岭石在 Pb 的去除过程中不起主要作用,而是 APR 在起主要作用。APR 和"高岭石+APR"对铅的去除不是吸附过程。

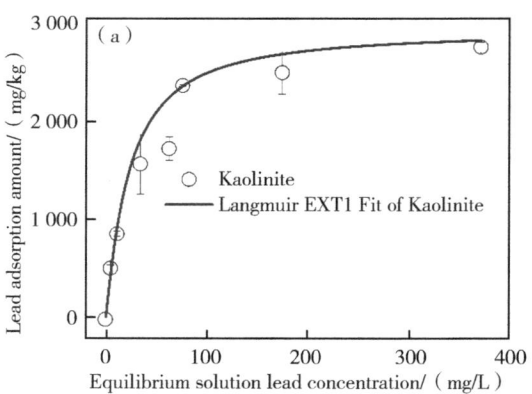

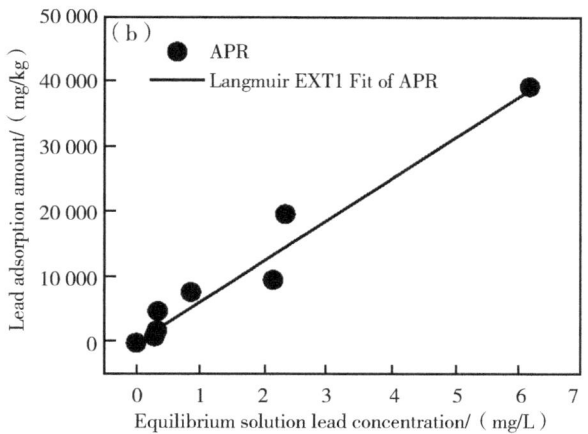

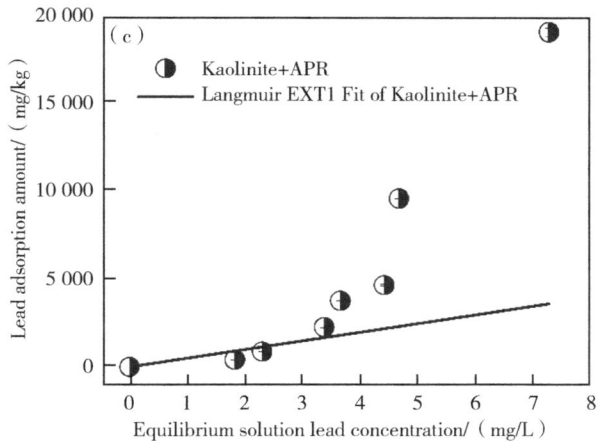

图 8-6　平衡 Pb 浓度对高岭石（a）、APR（b）和"高岭石+APR"（c）吸附 Pb 的影响

采用 XRD 进一步研究了高岭石、APR、"高岭石+APR"对铅的去除机理。通过对比高岭石与 Pb 反应后的残余物的 XRD 图谱表明没有出现新的衍射峰（图 8-4a），说明高岭石与 Pb 反应后的最终产物中没有其他新的矿物生成。此外，XRD 谱图证实了高岭石与 Pb 的反应未有 Pb 沉淀形成，因此它们之间的反应是一个吸附过程。APR 和"高岭石+APR"的铅去除率和去除量都很高，这是由于在反应过程中形成了磷酸铅。如图8-4b和c所示，APR和"高岭石+APR"的XRD谱图均在2θ为20.97°和26.92°处有新的峰出现，且这些峰归属于$Pb_3(PO_4)_2$（Xia et al., 2017）。

通过解吸实验进一步验证了Pb与高岭石、APR、"高岭石+APR"的结合模式。在初始Pb浓度为200 mg/L时，用1 mol/L CH_3COONH_4和0.1 mol/L EDTA对反应残渣进行解吸，解吸时间设置为10~480 min。两种不同的解吸剂对铅的解吸能力和解吸机理不同。醋酸铵是一种具有较大缓冲能力的中性盐，主要通过与NH_4^+交换和与CH_3COO^-络合解吸Pb离子。只有高岭石上结合比较弱的Pb离子才能被CH_3COO^-络合（Hu et al., 2009）。然而，EDTA可以通过形成稳定的金属—EDTA配合物将重金属从稳定的吸附状态或从共沉淀平衡状态中解吸出来。EDTA具有较高的结合常数，可以比其他有机螯合剂更有效地将重金属元素从矿物中解吸出来，特别是0.1 mol/L EDTA对Pb的解吸（Chang et al., 2020; Muhammad et al., 2009; Zhang et al., 2010）。用高岭石处理Pb时，在480 min解吸平衡时间时，两种解吸剂的解吸率基本相同（1 mol/L CH_3COONH_4解吸率为94.36%，0.1 mol/L EDTA解吸率为100%）。在高岭石的处理中，残渣中的Pb相对容易解吸，这证实了大部分Pb吸附在高岭石表面上，且是相当不稳定的（图8-5a）。用1 mol/L CH_3COONH_4解吸后，高岭石残渣和APR残渣中Pb的解吸率分别为94.36%和23.02%，而"APR+高岭石"残渣中Pb的解吸率仅为8.64%（图8-5）。Pb的解吸速率为高岭石＞APR＞"高岭石+APR"。因此，在APR和"高岭石+APR"的残留物中的铅是不容易被解吸的，这也表明了Pb与APR和"高岭石+APR"的反应不仅是吸附过程（Hu et al., 2009）。

综上所述，APR和"高岭石+APR"对Pb的去除效果均优于高岭石，且APR在"高岭石+APR"对Pb的去除过程中起主导作用。由于草酸对PR的活化作用，反应中APR的pH值较低。高岭石的加入有效地减缓了溶液pH的下降。使用"高岭石+APR"去除Pb有两个优点：①与单独使用高岭石相比，尽管溶液pH值稍有降低，但铅与"高岭石+APR"的结合更紧密；②平衡溶液中的P与APR反应中的P有效性一样高。

四、重金属污染耕地安全利用与治理

针对农田重金属污染问题，一方面要高度重视土壤保护、积极开展有效防治工作；另一方面也不必谈"污"色变，夸大我国土壤重金属污染范围、程度和危害。

土壤重金属污染治理任重道远。曾经土壤作为污染物的消纳场所，然而土壤的自净能力和环境负载容量是有限的，各种来源的重金属一旦进入土壤，除少部分可通过植物吸收和水循环移出外，其在土壤中的滞留时间极长。土壤是宝贵的资源，一旦遭到重金属污染，往往需要花费巨大的代价才能将污染降到可接受的水平，而且根据现有的技术水平很难完全避免在修复治理过程中产生二次污染等负面影响。土壤修复技术研究虽已开展多年，但达到现场大规模应用和商业化推广的成套技术不多，因此这项任务艰巨却又意义重大，关乎国计民生。重金属污染土壤修复治理难度大，但也是可防、可控的。我国近年来在一些重点地区开展的一些以农艺措施为主的土壤重金属污染综合治理试验示范，如农业农村部、财政部在湖南水稻 Cd 污染地区实施推行的污染控制技术模式，治理成效显著。

参考文献

董良潇，2017. 浙江省农田土壤和农作物重金属污染评价 [D]. 温州：温州大学.

高瑞丽，唐茂，付庆灵，等，2017. 生物炭、蒙脱石及其混合添加对复合污染土壤中重金属形态的影响 [J]. 环境科学，38（1）：361-367.

骆永明，2009. 污染土壤修复技术研究现状与趋势 [J]. 化学进展，21（2）：558-565.

王玉军，刘存，周东美，等，2016. 一种农田土壤重金属影响评价的新方法：土壤和农产品综合质量指数法 [J]. 农业环境科学学报，35（7）：1225-1232.

ADEBOWALE K O, UNUABONAH I E, OLU-OWOLABI B I, 2006. The effect of some operating variables on the adsorption of lead and cadmium ions on kaolinite clay [J]. J Hazard Mater, 134：130-139.

ANTELO J, FIOL S, PEREZ C, et al., 2010. Analysis of phosphate adsorption onto ferrihydrite using the CD-MUSIC model [J]. J. Colloid Interface Sci., 347：112-119.

BLOUIN M, HODSON M E, DELGADO E A, 2013. A review of earthworm impact on soil function and ecosystem services [J]. Eur J soil sci, 64 (2): 161-182.

CAO XD, WAHBI A, MA L, et al., 2009. Immobilization of Zn, Cu, and Pb in contaminated soils using phosphate rock and phosphoric acid [J]. J Hazard Mater, 164: 555-564.

CHANG J H, DONG C D, HUANG S H, et al., 2020. The study on lead desorption from the real-field contaminated soil by circulation-enhanced electrokinetics (CEEK) with EDTA [J]. J Hazard Mater, 383: 1-6.

CHEN M, MA L Q, SINGH S, et al., 2003. Melamed R. Field demonstration of in situ immobilization of soil Pb using P amendments [J]. Adv Environ Res, 8 (1): 93-102.

DAI Y H, LIANG Y, XU X Y, et al., 2017. An integrated approach for simultaneous immobilization of lead in both contaminated soil and groundwater: laboratory test and numerical modeling [J]. J Hazard Mater, 342: 107-113.

ELOUEAR Z, BOUZID J, BOUJELBEN N, et al., 2008. Heavy metal removal from aqueous solutions by activated phosphate rock [J]. J Hazard Mater, 156: 412-420.

FAYIGA A, NWOKE C, 2016. Phosphate rock: Origin, importance, environmental impacts and future roles [J]. Environ Rev, 24: 403-415.

GUPTA S S, BHATTACHARYYA K G, 2008. Immobilization of Pb (II), Cd (II) and Ni (II) ions on kaolinite and montmorillonite surfaces from aqueous medium [J]. J Environ Manage, 87: 46-58.

GUPTA S S, BHATTACHARYYA K G, 2012. Adsorption of heavy metals on kaolinite and montmorillonite: a review [J]. Phys Chem Chem Phys, 14: 6698-6723.

HARINDINTWALI J D, ZHOU J, YANG W, et al., 2020b. Biochar-bacteria-plant partnerships: Eco-solutions for tackling heavy metalpollution [J]. Ecotoxicology and Environmental Safety, 204, 111020.

HE M, SHI H, ZHAO X Y, et al., 2013. Immobilization of Pb and Cd in contaminated soil using nano-crystallite hydroxyapatite [J]. Procedia Environ Sci, 18: 657-665.

HE Y, XIA D Y, XIN J, et al., 2006. A study on the kinetics of lead ion adsorption to kaolinite [J]. Tech Equip Environ Poll Control, 7, 82-85.

HOU DY, O'CONNOR D, NATHANAIL P, et al., 2017. Integrated GIS and multivariate statistical analysis for regional scale assessment of heavy metal soil contamination: A critical review [J]. Environ Pollut, 231: 1188-1200.

HU X N, NAN Z R, WANG S L, et al., 2009. Sorption and desorption of copper, zinc and lead in the irrigated desert soil from the oasis in the arid regions, northwest China [J]. Ecol Environ Sci, 18: 2183-2188.

HUANG G Y, GAO R L, YOU J W, et al., 2019. Oxalic acid activated phosphate rock and bone meal to immobilize Cu and Pb in mine soils [J]. Ecotox Environ Safe, 174: 401-407.

HUANG G Y, GUO G G, YAO S Y, et al., 2016. Organic acids, amino acids compositions in the root exudates and Cu-accumulation in castor (Ricinus communis L.) under Cu stress [J]. Int J Phytoremediat, 18 (1): 33-40.

HUANG G Y, SU X J, RIZWAN M S, et al., 2016. Chemical immobilization of Pb, Cu, and Cd by phosphate materials and calcium carbonate in contaminated soils [J]. Environ Sci Pollut R, 23: 16845-16856.

JIANG G J, LIU Y H, HUANG L, et al., 2012. Mechanism of lead immobilization by oxalic acid-activated phosphate rocks [J]. J Environ Sci, 24: 919-925.

Kamiyango M W, Masamba W R L, Sajidu S M I, et al., 2009. Phosphate removal from aqueous solutions using kaolinite obtained from Linthipe [J]. Malawi. Phys Chem Earth, 34: 850-856.

KHAN M S, ZAIDI A, WANI P A, 2007. Role of phosphate-solubilizing microorganisms in sustainable agriculture-A review [J]. Agron Sustain Dev, 27: 29-43.

LI L P, ZHAO Q, ZHANG H Y, et al., 2017. Enhancement of phosphate immobilization of Pb in contaminated soils with Ca and Cl amendment [J]. Acta Sci Circumst, 37: 4344-4351.

LIU X F, HICHER P, MURESAN B, et al., 2016. Heavy metal retention properties of kaolin and bentonite in a wide range of concentration and different pH conditions [J]. Appl Clay Sci, 119: 365-374.

LIU Y H, HU H Q, JIANG G J, et al., 2009. A method of making phosphate fertilizer using phosphate rocks activated by organic acid. China, CN1010659569.

MA Q Y, LOGAN T J, TRAINA S J, 1995. Lead immobilization from aqueous solutions and contaminated soils using phosphate rocks [J]. Environ Sci Technol, 29: 1118-1126.

MANDER C, WAKELIN S, YOUNG S, et al., 2012. Incidence and diversity of phosphate-solubilising bacteria are linked to phosphorus status in grassland soils [J]. Soil

Biol Biochem, 44: 93-101.

MBEY J A, THOMAS F, RAZAFITIANAMAHARAVO A, et al., 2019. A comparative study of some kaolinites surface properties [J]. Appl Clay Sci, 172: 135-145.

MELAMED R, CAO XD, CHEN M, et al., 2003. Field assessment of lead immobilization in a contaminated soil after phosphate application [J]. Sci Total Environ, 305: 117-127.

MOHARAMI S, JALALI M, 2013. Removal of phosphorus from aqueous solution by Iranian natural adsorbents [J]. Chem Eng J, 223: 328-339.

MUHAMMAD D, CHEN F, ZHAO J, et al., 2009. Comparison of EDTA-and citric acid-enhanced phytoextraction of heavy metals in artificially metal contaminated soil by Typha angustifolia [J]. Int J Phytoremediat, 11: 558-574.

OTUNOLA B O, OLOLADE O O, 2020. A review on the application of clay minerals as heavy metal adsorbents for remediation purposes [J]. Environ Technol Inno, 18: 1-14.

PARK J H, BOLAN N, MEGHARAJ M, 2011. Isolation of phosphate solubilizing bacteria and their potential for lead immobilization in soil [J]. J Hazard Mater, 185: 829-836.

PEEN C J, WARREN J G, 2009. Investigating phosphorus sorption onto kaolinite using isothermal titration calorimetry [J]. Soil Science Society of America Journal, 73: 560-568.

PONGRAC P, ZHAO F J, RAZINGER J, et al., 2009. Physiological responses to cd and Zn in two Cd/Zn hyperaccumulating thlaspi species [J]. Environmental & Experimental Botany, 66 (3): 479-486.

SRIVASTAVA P, SINGH B, ANGOVE M, 2005. Competitive adsorption behavior of heavy metals on kaolinite [J]. J Colloid Interf Sci, 290: 28-38.

SU X J, ZHU J, FU Q L, et al., 2015. Immobilization of lead in anthropogenic contaminated soils using phosphates with/without oxalic acid [J]. J Environ Sci, 28: 64-73.

TENG Z D, SHAO W, ZHANG K Y, et al., 2019. Characterization of phosphate solubilizing bacteria isolated from heavy metal contaminated soils and their potential for lead immobilization [J]. J Environ Manage, 231: 189-197.

UNUABONAH E I, ADEBOWALE K O, OLU-OWOLABI B I, 2007. Kinetic and thermodynamic studies of the adsorption of lead (II) ions onto phosphate-modified kaolinite clay [J]. J Hazard Mater, 144: 386-395.

VALIPOUR M, SHAHBAZI K, KHANMIRZAEI A, 2016. Chemical immobilization of lead, cadmium, copper, and nickel in contaminated soils by phosphate amendments [J]. Clean-Soil Air Water, 44: 572-578.

WEI W, CUI J, WEI Z G, 2014. Effects of low molecular weight organic acids on the immobilization of aqueous Pb (Ⅱ) using phosphate rock and different crystallized hydroxyapatite [J]. Chemosphere, 105: 14-23.

WEI Y Q, ZHAO Y, SHI M Z, et al., 2018. Effect of organic acids production and bacterial community on the possible mechanism of phosphorus solubilization during composting with enriched phosphate-solubilizing bacteria inoculation [J]. Bioresource Technol, 247: 190-199.

XIA W Y, FENG Y S, JIN F, et al., 2017. Stabilization and solidification of a heavy metal contaminated site soil using a hydroxyapatite based binder [J]. Constr Build Mater, 156: 199-207.

XU X W, CHEN C, WANG P, et al., 2017. Control of arsenic mobilization in paddy soils by manganese and iron oxides [J]. Envionment Pollution, 231 (1): 37-47.

YADAVA V B, GADIA R, KALRAB S, 2019. Clay based nanocomposites for removal of heavy metals from water: A review [J]. J Environ Manage, 232: 803-817.

ZENG G M, WAN J, HUANG D L, et al., 2017. Precipitation, adsorption and rhizosphere effect: the mechanisms for Phosphate-induced Pb immobilization in soils-A review [J]. J Hazard Mater.

ZHANG W, HUANG H, TAN F, et al., 2010. Influence of EDTA washing on the species and mobility of heavy metals residual in soils [J]. J Hazard Mater, 173: 369-376.

ZHAO F J, MA Y B, ZHU Y G, et al., 2015. Soil contamination in China: current status and mitigation strategies [J]. Environ Sci Technol, 49: 750-759.

专题 9 离子型稀土尾矿区土壤退化培肥及安全高效利用技术

一、离子型稀土尾矿区土壤控酸培肥和肥沃耕层培育技术

1. 改良剂筛选

试验材料：稀土尾矿选取江西省赣州市信丰县某闭矿 1 年的废弃稀土矿，该矿开采工艺采用堆浸开采。尾矿样品的采样深度为 0~20 cm，采用临近五点混合采样后装袋密封，采样时间为 2016 年 5 月 15 日。尾矿样品平铺于地面形成厚度约 10 cm 土层，风干 15 d 后，通过 5 次翻堆充分混匀后装袋待用。

模拟自然条件下盆栽试验，试验所用塑料花盆的上内径、下内经和高度分别为 17.5 cm、11.5 cm 和 12 cm，每盆装入过 2 mm 筛的风干土 1.80 kg。改良剂选用生物炭（A）、粉煤灰（B）改良稀土尾矿。生物炭为江西缔缘康生产的生物竹炭，粉煤灰为高安某工厂燃烧后的煤渣。

试验设计：先分别采用改良剂 A、B 进行不同改良剂试验，然后进行两种改良剂组合修复的试验。改良剂施用量设低、中和高 3 个水平，分别为 10 g/kg、25 g/kg、50 g/kg 土壤。不同改良剂试验单独使用改良剂 A 或 B，每种改良剂设置 3 种不同用量进行改良，即 6 个处理（A1、A2、A3、B1、B2、B3、C1、C2、C3）。两种改良剂组合修复的试验设计详见表 9-1。稀土尾矿作为对照（CK），所有处理化肥施用量均相同，化肥按照每千克尾矿 0.20 g N（即 0.428 g/kg 尿素）、0.30 g P_2O_5（即 0.575 g/kg 磷酸二氢钾）和 0.30 g K_2O（即 0.161 g/kg 氯化钾）作为基肥一次性施入，施肥后每个处理施加超纯水保持田间持水量的 70%，稳定培养 40 d 后垂直取样。

表 9-1　试验设计　　　　　　　　　　　　　　　　　　　　单位：g/kg

样品		生物炭添加水平		
		A1（10）	A2（25）	A3（50）
煤渣 B (g/kg)	B1（10）	A_1B_1	A_2B_1	A_3B_1
	B2（25）	A_1B_2	A_2B_2	A_3B_2
	B3（50）	A_1B_3	A_2B_3	A_3B_3
石灰 C (g/kg)	C1（10）	A_1C_1	A_2C_1	A_3C_1
	C2（25）	A_1C_2	A_2C_2	A_3C_2
	C3（50）	A_1C_3	A_2C_3	A_3C_3

土壤样品处理与分析：稀土元素的形态分析采用 BCR 法，具体步骤如下。

（1）酸溶态（B1）　加 40 mL 0.11 mol/L 乙酸溶液到装有 1 g 土壤沉淀物的 100 mL 离心管中，摇匀后，在（22±5）℃的机械摇床中振摇 16 h 后进行萃取。应当在加入萃取溶液后，立即开始振荡。从固体残留物中分离提取物，离心 20 min（3 000 r/min）后，倒出上清液到聚乙烯容器中。用滤膜过滤上清液，放入约 4℃冰箱储存，待测。往离心管残留物中加入 20 mL 蒸馏水，洗涤残留物，摇床振荡 15 min，并离心 20 min（3 000 r/min）后倒出上清液并弃去，注意不要倒出任何的固体残留物，残留物用作第二步可还原态重金属的提取。

（2）还原态（B2）　加入 40 mL 新制备的 0.5 mol/L 盐酸羟胺溶液到装有残留物的离心管中。手动摇匀，然后在（22±5）℃机械摇床中振摇 16 h。应当在加入萃取剂溶液后，立即开始振荡。从固体残留物中分离提取物，同步骤（1）离心，并且保留上清液到聚乙烯容器，用滤膜过滤上清液，放入约 4℃冰箱储存，待测。往离心管残留物中加入 20 mL 蒸馏水，洗涤残留物，摇床振荡 15 min，并离心 20 min（3 000 r/min）后倒出上清液并弃去，注意不要倒出任何的固体残留物，残留物用作第三步可氧化态重金属的提取。

（3）氧化态（B3）　小心地加入 10 mL 8.8 mol/L 的过氧化氢溶液到装有残余物的离心管，以避免剧烈反应损失样品。在室温下静置 1 h，每隔 15 min 手动晃动。继续在（85±2）℃的水浴加热 1 h 左右，使离心管中液体减少至小于 3 mL。再加入 10 mL 8.8 mol/L 的过氧化氢溶液，在（85±2）℃的水浴中加热 1 h，取下盖子继续加热，减少液体体积约至 1 mL。注意不要让离心管中沉积物干燥。再加入 50 mL 1 mol/L 醋酸铵溶液到湿润的残留物，在（22±5）℃机械摇床中振摇 16 h。应当在加入萃取剂溶液后，立即开始振荡。从固体残留物中分离提取物，同步骤（1）离心，并且保留上清液到聚乙烯容器，用滤膜过滤上清液，放入约 4℃冰箱储存，待测。

（4）残渣态（B4） 残渣态重金属含量等于全量重金属减去前三步提取的各形态重金属。

稀土元素和重金属元素的全量、酸溶态、还原态和氧化态含量均采用 ICP-MS（PENexIONTM 350X）仪器测定。

2. 研究结果

（1）供试尾矿土壤理化性质 供试土壤养分含量见表 9-2。土壤酸化较为严重，土壤酸碱度为强酸性。土壤碱解氮含量处于一级（极高）水平，主要是浸矿区浸提剂硫酸铵的残留，土壤全钾含量也处于极高水平，其他养分含量均处于缺乏和极缺乏水平，经浸矿后土壤养分严重退化。

表 9-2　土壤理化性质

样品	pH	AN/(mg/kg)	AP/(mg/kg)	AK/(mg/kg)	TN/(g/kg)	TP/(g/kg)	TK/(g/kg)	SOM/(g/kg)	CEC/(cmol/kg)	土壤质地
尾矿	4.05	151.60	2.57	44.60	0.30	0.49	31.20	1.95	4.50	砂质壤土

供试土壤重金属含量见表 9-3。依据重金属污染指数，土壤非稀土重金属含量均低于农田土壤污染的筛选值（GB 15618—2018），土壤无非稀土重金属污染；而稀土元素总量是江西省土壤环境背景值的 3.19 倍，达到严重污染水平。

表 9-3　土壤重金属含量及污染指数　　　　　（单位：mg/kg）

指标	Cd	As	Pb	Cr	Cu	Ni	Zn	REES
含量	0.28	24.83	50.40	52.64	47.86	14.12	120.23	673.13
污染指数	0.93	0.62	0.72	0.35	0.95	0.24	0.60	3.19

（2）修复材料表征 修复材料的基本理化性质见表 9-4。生物炭为弱

酸性，而粉煤灰为碱性。生物炭的养分含量（碱解氮、有效磷、速效钾和有机碳）均远大于粉煤灰，在两种修复剂中均未检测出稀土元素。

表 9-4 生物炭和粉煤灰的基本理化性质

样品	pH	AN/(mg/kg)	AP/(mg/kg)	AK/(mg/kg)	OC/%	CEC/(cmol/kg)	土壤质地	稀土总量 ΣREEs
生物炭	6.16	233.33	94.47	8 722.00	68.97	36.1	n.d.	n.d.
粉煤灰	8.51	n.d.	31.05	181.06	13.62	3.8	n.d.	n.d.

注：n.d.，未检测出。

由扫描电镜图（图 9-1）可知，生物炭为大小均等的颗粒状物，具有多孔结构，说明生物炭具有较大的比表面积，而粉煤灰为大小不等的块状物，比表面积相对较小。透射电子显微镜图（图 9-2）表明，粉煤灰内部结构为柱状和块状，而生物炭内部结构为片状和堆叠状。

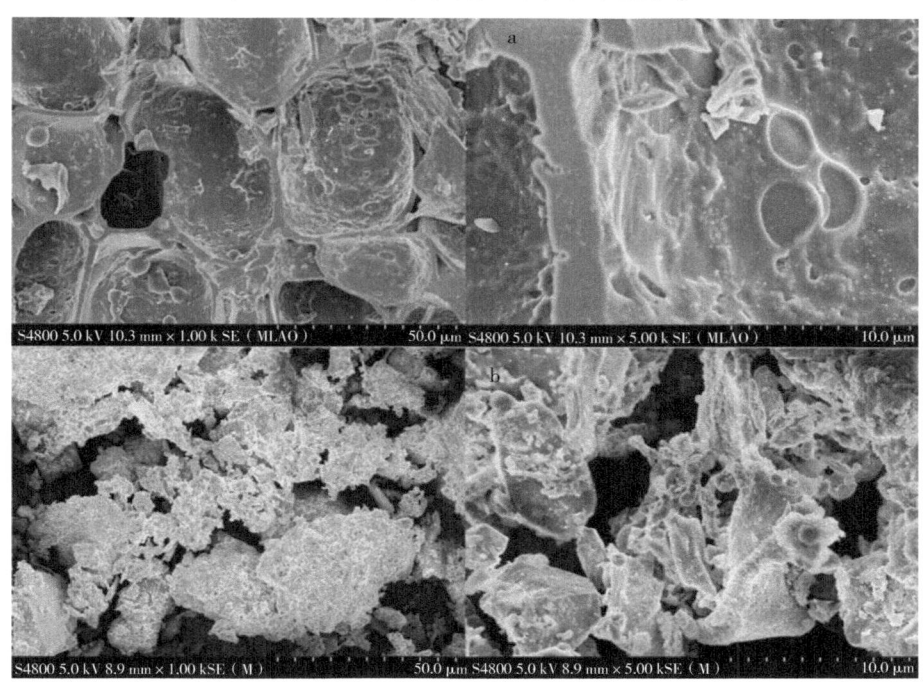

(a) 生物炭；(b) 粉煤灰

图 9-1 扫描电镜图

生物炭和粉煤灰的红外光谱图谱如图 9-3 所示。生物炭的特征吸收峰分别为 3 440 cm^{-1}、2 930 cm^{-1}、1 600 cm^{-1}、1 380 cm^{-1}、1 320 cm^{-1}、1 110 cm^{-1}、870 cm^{-1}、748 cm^{-1} 和 617 cm^{-1};粉煤灰的特征吸收峰分别为 3 410 cm^{-1}、1 620 cm^{-1}、1 430 cm^{-1}、1 030 cm^{-1}、796 cm^{-1} 和 538 cm^{-1}。其中在 3 400 cm^{-1} 左右,生物炭和粉煤灰均有较宽的强吸收峰,此吸收峰为酚

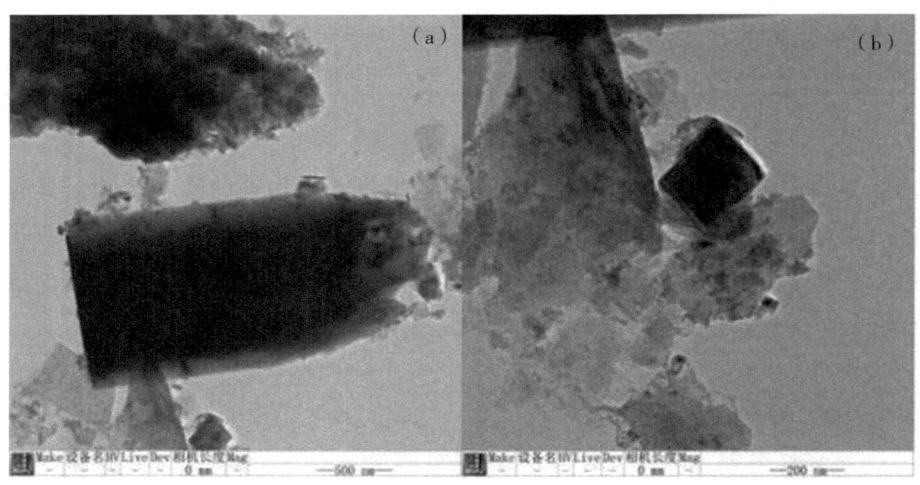

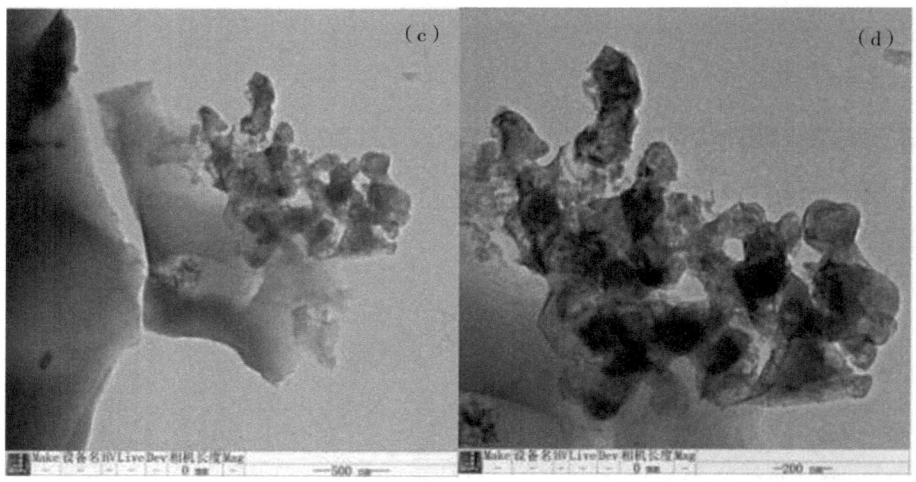

a、b-粉煤灰;c、d-生物炭

图 9-2 透射电子显微镜图

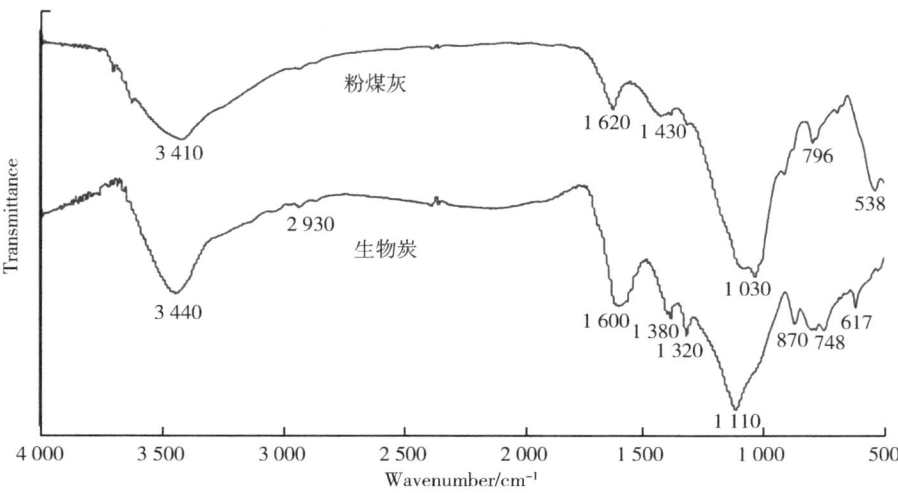

图9-3 修复材料红外光谱图

羟基;生物炭和粉煤灰的红外光谱均在3 000~2 750 cm^{-1}范围同时出现几个小峰,这是由羧酸-OH振动而显现的一组羧酸特征峰;图谱中生物炭和粉煤灰在1 700~1 500 cm^{-1}范围有较宽的吸收峰,这是由生物炭芳环上的C=O弯曲振动造成(Steinbeiss et al.,2009)。由这些特征峰可知,生物炭和粉煤灰中均含有羟基、羧基、羰基等官能团,从吸收峰上判断,生物炭表面官能团含量要多于粉煤灰。生物炭和粉煤灰在1600 cm^{-1}左右有强吸收峰,此吸收峰为C=C吸收峰;生物炭和粉煤灰在1 000~650 cm^{-1}范围均有一系列特征峰,这是由芳环C-H振动所造成,充分说明生物炭和粉煤灰都含有一定的芳香结构,但在1 000~650 cm^{-1}范围内,生物炭的特征峰明显多于粉煤灰。有研究发现生物炭在1 110 cm^{-1}和748 cm^{-1}两处吸收分别对应饱和六元双氧环醚中的C-O-C反对称伸缩和对称伸缩振动。以上结果表明,生物炭表面官能团含量明显高于粉煤灰。

(3) 改良剂对土壤质地的影响 不同处理对土壤质地的影响见表9-5。与对照(CK)相比,不同处理均可提高土壤中的物理性黏粒(≤0.01 mm)含量。添加不同改良剂对土壤质地的影响存在较明显的差异,其总体改良效果顺序为:石灰+生物炭 > 石灰 > 生物炭+粉煤灰 > 生物炭 > 粉煤灰。与对照相比,石灰和粉煤灰用量的增加使得土壤黏粒含量减少,而经石灰和粉煤灰改良土壤的质地分别为中壤土和砂壤土。生物炭施用量的增加引起黏粒含量的逐渐增加,但改良后土壤的质地均为轻壤土。生物炭和粉煤灰配施时,粉煤灰用量对土壤质地无显著影响,但生物炭用量显著影响土壤质地。当生物炭为低浓度和中浓度时,土壤质地均为砂壤土;而当生物炭为高浓度时,土壤质地均为中壤。生物炭和石灰配施,无论生物炭和石灰的用量多少,改良后土壤质地均为中壤土。以上结果表明添加改良剂可以一定程度上改善土壤质地,不同改良剂及施用量对土壤物理性黏粒含量的影响存在较大差异。

表9-5 不同处理的土壤性质

处理	CK	A_1	A_2	A_3	B_1	B_2	B_3	C_1	C_2	C_3
物理性黏性含量(≤0.01mm)/%	9.7	21.3	23.1	27.0	17.0	14.8	14.9	37.5	33.9	33.1
土壤质地	紧砂	轻壤	轻壤	轻壤	砂壤	砂壤	砂壤	中壤	中壤	中壤
pH值	4.28	5.12	6.08	6.78	4.97	5.46	6.40	8.11	8.45	11.72
酸碱性	强酸	酸性	弱酸	中性	酸性	酸性	弱酸	碱性	碱性	强碱

处理	A_1B_1	A_1B_2	A_1B_3	A_2B_1	A_2B_2	A_2B_3	A_3B_1	A_3B_2	A_3B_3	A_1C_1
物理性黏性含量(≤0.01mm)/%	10.8	12.8	14.8	14.9	14.9	15.8	35.5	38.4	38.7	37.4
土壤质地	砂壤	砂壤	砂壤	砂壤	砂壤	砂壤	中壤	中壤	中壤	中壤
pH值	5.81	6.30	7.02	6.76	6.98	7.39	7.17	7.40	7.63	8.24
酸碱性	弱酸	弱酸	中性	中性	中性	中性	中性	中性	碱性	碱性

处理	A_1C_2	A_1C_3	A_2C_1	A_2C_2	A_2C_3	A_3C_1	A_3C_2	A_3C_3
物理性黏性含量(≤0.01mm)/%	35.5	32.9	38.3	36.1	32.1	37.6	35.4	33.7
土壤质地	中壤	中壤	中壤	中壤	中壤	中壤	中壤	中壤
pH值	8.40	10.86	8.24	8.42	11.67	8.28	8.47	10.34
酸碱性	碱性	强碱	碱性	碱性	强碱	碱性	碱性	强碱

(4)改良剂对土壤pH值的影响 不同处理土壤pH值见表9-5。与对

照相比,土壤 pH 值均随着改良剂用量的增加而增加。不同改良剂对土壤酸碱度的改良效果存在较大差异,不同处理土壤培养后 pH 值范围为 4.97~11.72,其改良效果的总体顺序为:石灰 > 生物炭+石灰 >生物炭+粉煤灰 > 生物炭 > 粉煤灰。其中石灰和"生物炭+石灰"处理土壤的 pH 值随石灰用量增加明显增加,且其 pH 最低值和最大值分别为 8.11 和 11.72。添加生物炭和粉煤灰可以提高土壤 pH 值,主要是由于生物炭和粉煤灰均为碱性修复材料,其 pH 值分别为 8.13 和 7.79。生物炭和粉煤灰表面含有一定的碱性官能团,内部含有一定的盐基离子,可以吸附土壤中交换性氢离子、铝离子,从而增加土壤的 pH 值。

(5) 改良剂对土壤养分的影响

改良剂对速效养分的影响:不同处理土壤的速效养分、有机质和 CEC 变化见图 9-4。活性炭处理土壤的碱解氮含量随着改良剂用量的增加而显著增加,而其他所有处理土壤碱解氮含量均随着改良剂用量的增加而减少。碱解氮的变化范围为 8.96~403.93 mg/kg,其改良效果的总体顺序为:生物炭+粉煤灰>生物炭>粉煤灰>生物炭+石灰>石灰。与对照相比,除石灰、"生物炭+石灰"处理小于对照外,其他处理均大于对照,其中 A3B1 处理效果最好,改良后其土壤碱解氮含量为 403.93 mg/kg。以上结果表明,添加石灰土壤的碱解氮含量明显低于对照,主要是土壤 pH 值显著上升,土壤中铵态氮转化成氨气逸出土壤,以致土壤碱解氮含量明显下降;添加生物炭和"生物炭+粉煤灰"均可以明显提高土壤中碱解氮的含量,主要是生物炭碱解氮含量较高 (233.33 mg/kg)。

除中含量"活性炭+粉煤灰"处理土壤的速效磷含量随着改良剂用量的增加而增加,其他所有处理土壤速效磷浓度随着改良剂用量的增加而减少。不同处理速效磷的变化范围 14.18~48.66 mg/kg。与对照相比,生物炭、粉煤灰和"生物炭+粉煤灰"处理的改良效果相近且其速效磷含量均小于对照;石灰和"生物炭+石灰"处理随改良剂增加明显减小,其中除 C_1 和 A_3C_1 高于对照外其他处理均小于对照,培养 40 d 后 C_1 和 A_3C_1 的土壤速效磷含量分别为 48.66 mg/kg 和 44.19 mg/kg。施用生物炭和粉煤灰的土壤速效磷含量低于对照,主要是生物炭和粉煤灰具有较大的比表面积和很强的吸附能力,改良剂为土壤所提供的速效磷小于其表面所吸附的速效磷量,因此土壤速效磷含量随着改良剂用量的增加而减少，且其含量均低于对照水平。此外，土壤速效磷含量与石灰施用量相关性明显，主要是土壤中磷的活性与土壤的酸碱度表现出明显的相关性，当土壤为中性时，土壤中磷的活性最高；当土壤偏酸或偏碱时，土壤中速效磷逐渐转化为闭蓄态磷，活性降低。

添加不同改良剂对土壤速效钾的影响见图9-4。活性炭处理土壤的速效钾含量随着改良剂用量的增加而明显增加，而其他所有处理土壤有效钾含量均随着改良剂用量的增加而减少。培养40 d后有效钾的变化范围为256.05~1 033.99 mg/kg，其改良效果的总体顺序为：生物炭+粉煤灰＞生物炭+石灰＞生物炭＞粉煤灰＞石灰。与对照相比，除单施石灰的处理外，其他处理土壤速效钾含量均明显高于对照，其中A_3B_1处理效果最好，培养40 d后其速效钾含量为1 033.99 mg/kg。单独施用粉煤灰和石灰，土壤中速效钾含量增加不明显，添加生物炭、"生物炭+粉煤灰"和"生物炭+石灰"的土壤中速效钾含量却明显增加，说明生物炭为土壤提供钾的能力较强。随石灰用量的增加土壤速效钾含量逐渐下降，表明土壤中钾的活性也与土壤的酸碱度有一定的相关性。

改良剂对土壤有机质的影响：添加改良剂对土壤有机质的影响见图9-4。活性炭、粉煤灰和"活性炭+粉煤灰"处理土壤的SOM含量随着改良剂用量的增加而增加，而石灰和"活性炭+石灰"处理土壤SOM含量均随着改良剂用量的增加而减少。培养40 d后SOM含量范围为3.71~46.72 mg/kg，其改良效果的总体顺序为：生物炭+粉煤灰＞生物炭+石灰＞生物炭＞粉煤灰＞石灰。这主要是由于生物炭和粉煤灰材料全碳含量均较高，可以为土壤提供一定量的有机质。与对照相比，所有处理的SOM含量均高于对照，其中A_3B_3处理效果最好，其SOM含量为46.72 mg/kg。添加石灰土壤有机质含量没有明显变化，添加生物炭和粉煤灰的土壤有机质含量则明显增加，主要是由于生物炭和粉煤灰的碳含量较高，生物炭的总碳含量高达758.4 g/kg，粉煤灰的总碳含量也有193.3 g/kg。施入土壤中可以逐渐转化为土壤有机碳，随土壤培养时间的延长，土壤有机碳含量也会逐渐增加。

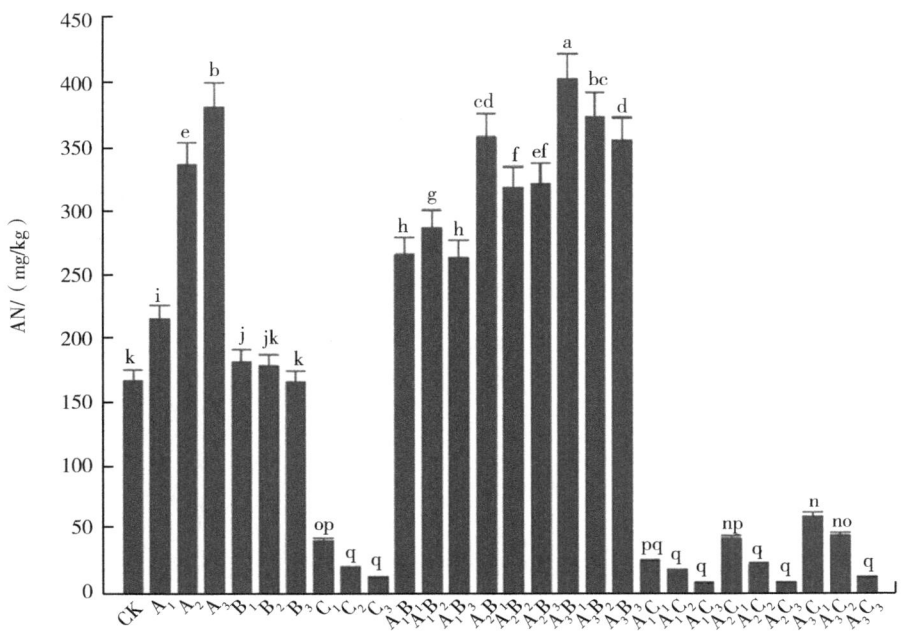

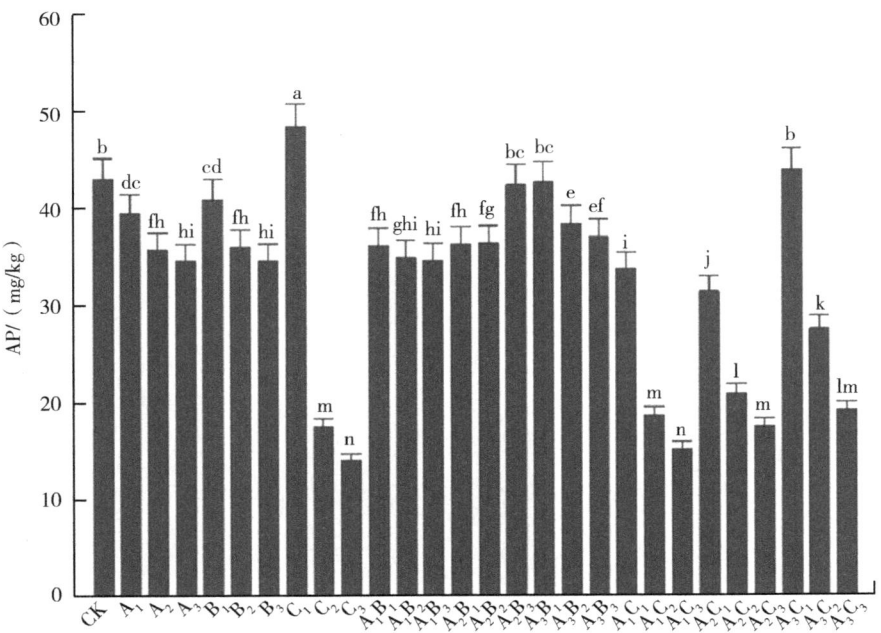

土壤化学研究进展

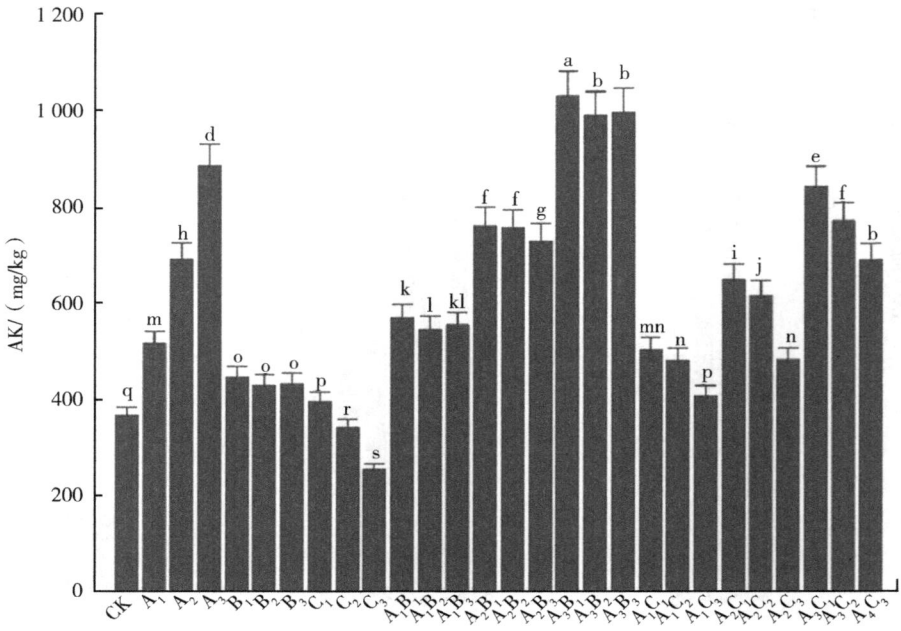

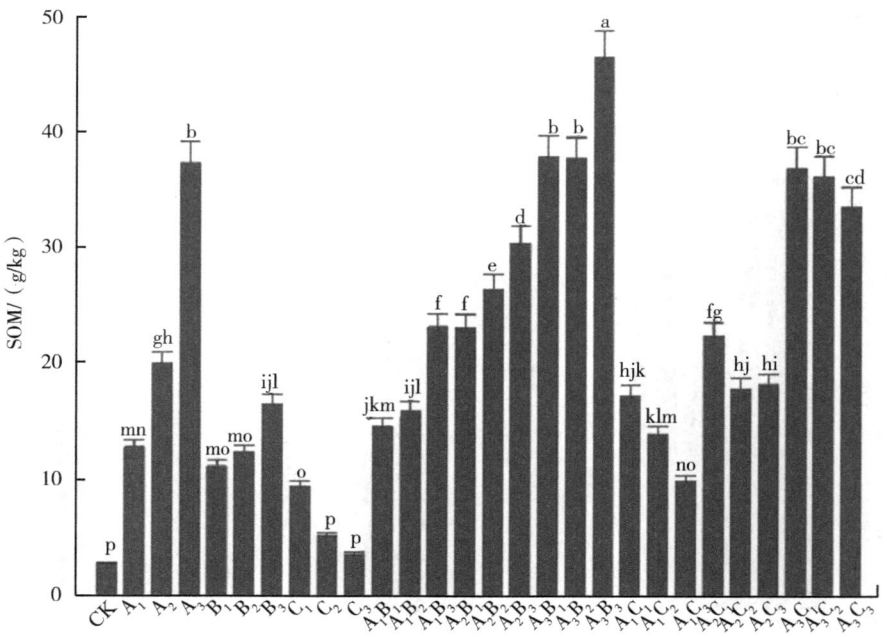

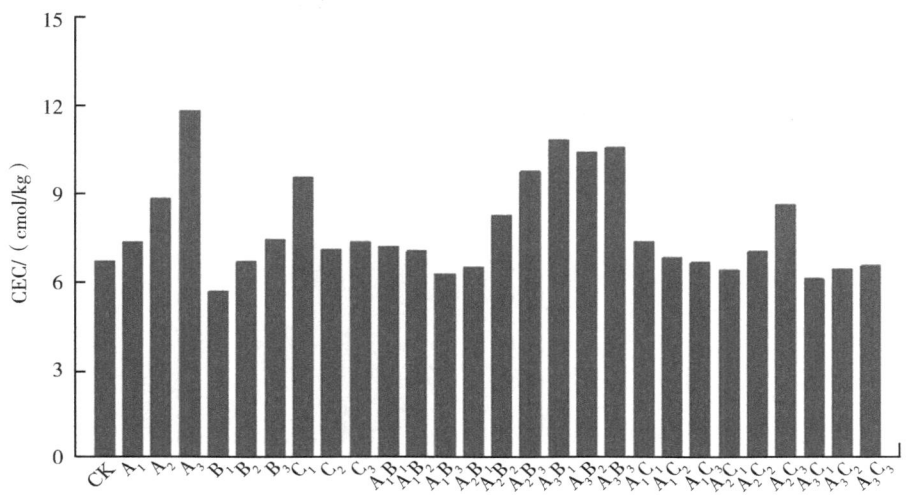

图 9-4　改良剂对速效养分的影响

不同处理土壤 CEC 变化特征：不同改良剂对土壤阳离子交换量的影响见图 9-4。活性炭、粉煤灰和"活性炭+粉煤灰"处理土壤的 CEC 随着改良剂用量的增加而增加，而石灰和"活性炭+石灰"处理土壤 CEC 均随着改良剂用量的增加而减少。培养后 CEC 范围为 5.70~11.91 cmol/kg，其改良效果的总体顺序为：生物炭+粉煤灰＞生物炭＞粉煤灰＞生物炭+石灰＞石灰。与对照相比，除 B_1 处理的 CEC 小于对照外，其他所有处理的 CEC 均高于对照，其中 A_3 处理效果最好，其 CEC 为 11.91 cmol/kg。土壤中 CEC 不仅与土壤有机质和矿质胶体的数量和性质表现出显著相关性，而且与土壤黏粒含量也呈正相关。添加生物炭不仅可以提高土壤有机质含量，而且可以与土壤胶体形成有机、无机复合体，提高土壤团聚体含量，逐渐增加土壤 CEC。

(6) 改良后土壤肥力综合评价　本研究主要选取 6 个评价因子作为稀土矿区土壤综合肥力评价指标，分别为：pH、碱解氮、速效磷、速效钾、CEC、有机质，依据修正后的内梅罗公式计算得到的土壤综合肥力指数见图 9-5。活性炭、粉煤灰和"活性炭+粉煤灰"处理的土壤肥力综合指数随着改良剂用量的增加而增加，而石灰和"活性炭+石灰"处理土壤的肥力综合

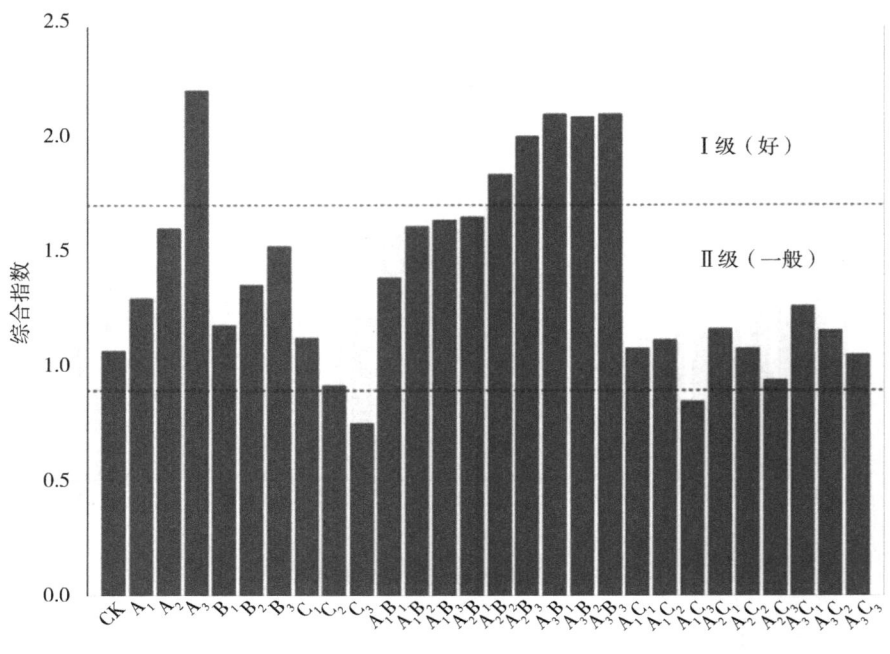

图 9-5 土壤肥力综合指数

指数均随着改良剂用量的增加而减少。培养改良效果的总体顺序为：生物炭+粉煤灰＞生物炭＞粉煤灰＞生物炭+石灰＞石灰。与对照相比，活性炭、粉煤灰和活性炭+粉煤灰处理可显著提升土壤综合肥力指数，大部分处理可达到Ⅰ级（好）水平，其中"活性炭+粉煤灰"处理的改良效果最佳；而石灰和"活性炭+石灰"处理不能显著改善土壤的肥力综合指数，其主要达到Ⅱ级（一般）水平。参评因子中土壤碱解氮、速效钾、有机质和CEC均明显增加，土壤pH和速效磷含量也有一定程度的增加，增加幅度相对较小。

（7）不同改良剂对稀土元素形态的影响　结果表明研究区域稀土矿以 Ce、Y、La、Nd 4种元素为主，占稀土元素总量的86%，轻重稀土的比值为 2.47，说明浸矿区残留的稀土以轻稀土为主，故分别从稀土总量以及Y、La 和 Ce 元素来分析改良剂对土壤稀土元素化学形态的影响。

①改良剂对稀土元素化学形态的影响：添加改良剂土壤中稀土总量化学形态的变化见图9-6。不同改良剂对土壤稀土总量化学形态的影响差异较

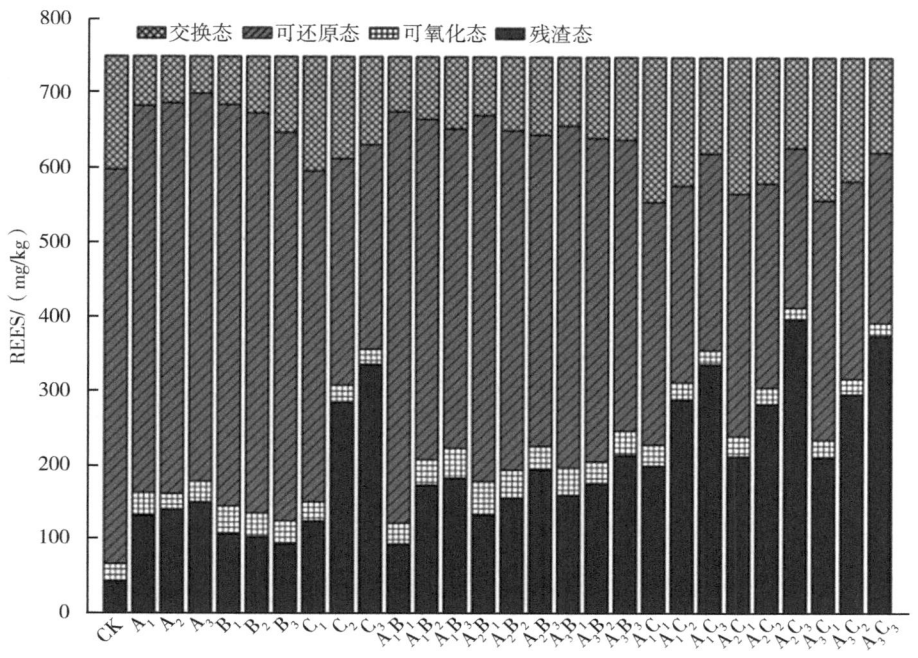

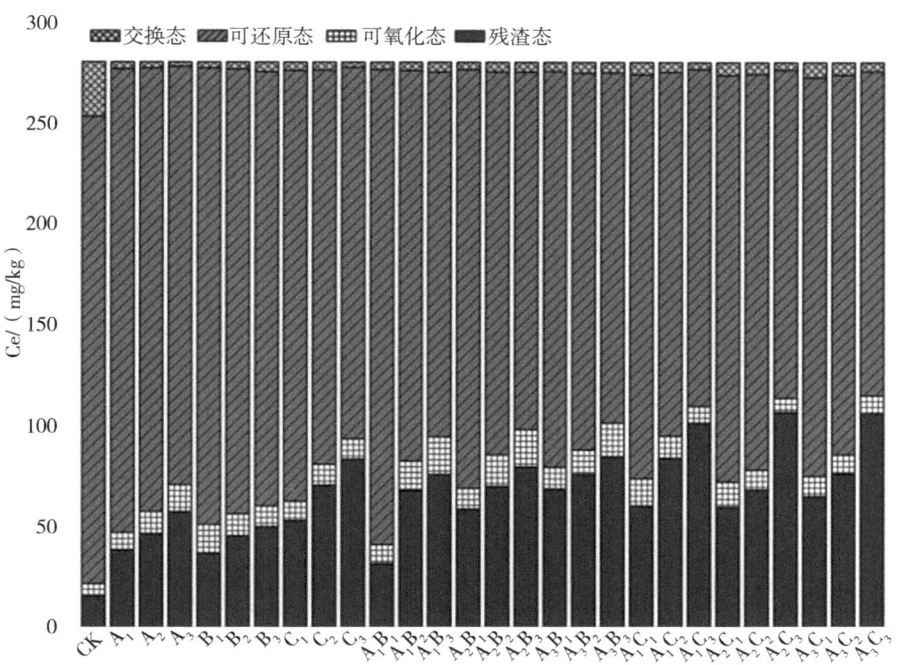

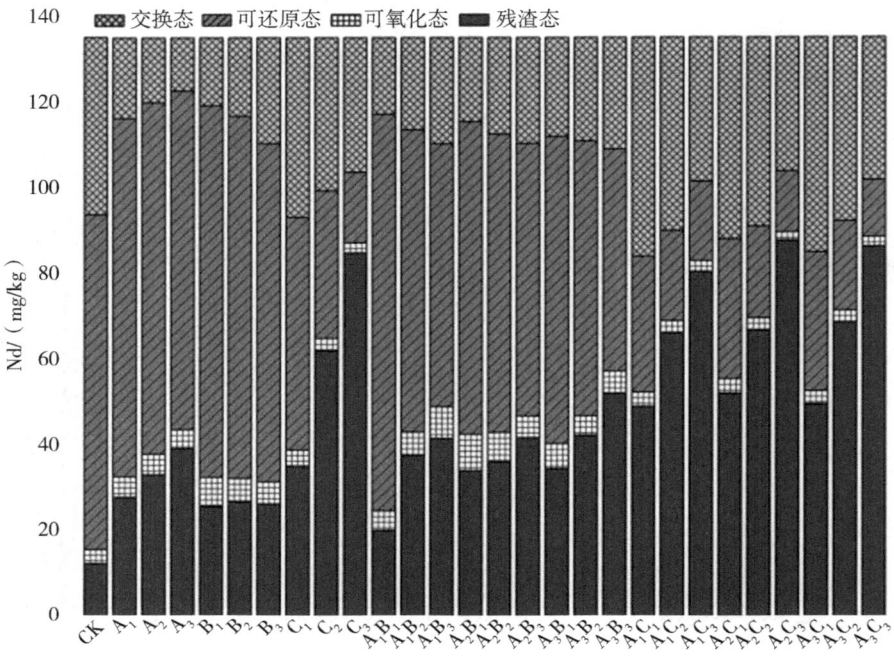
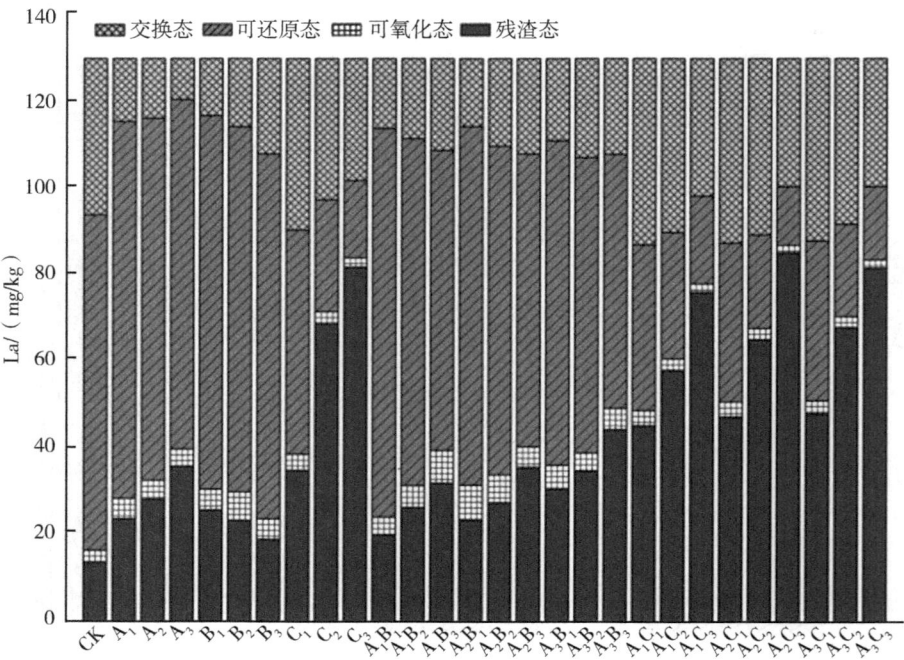

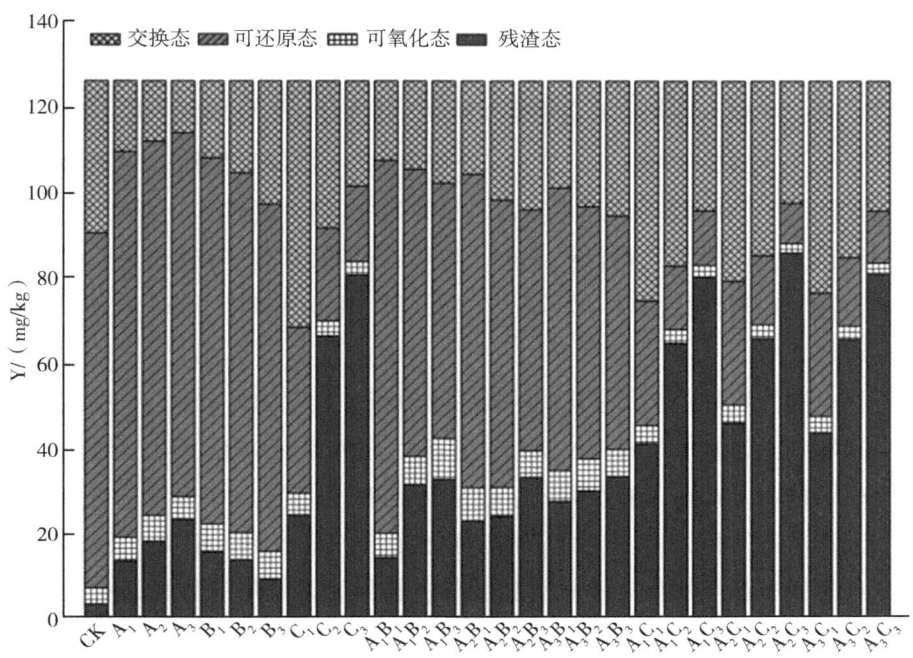

图 9-6 稀土总量和稀土元素 Ce、Nd、La 和 Y 的化学形态

大,其总体改良效果为:生物炭+石灰>石灰>生物炭+粉煤灰>生物炭>粉煤灰。不添加改良剂时,土壤稀土主要以生物可利用态形式存在,占土壤总量的91.1%。生物炭、石灰、"生物炭+粉煤灰"和"生物炭+石灰"处理土壤均不同程度降低了稀土生物可利用态含量,随改良剂施用量增加土壤稀土生物可利用态含量逐渐下降,难利用态含量逐渐增加,其中处理 A2C3 对稀土生物可利用态钝化效果最佳。以上结果表明,改良剂的施入均不同程度降低了稀土生物可利用态含量,增加了难利用态含量,减小稀土重金属污染毒性。添加生物炭和粉煤灰可明显降低土壤稀土生物可利用态含量,首先,主要是由于生物炭和粉煤灰的结构特征,其具有相对较大的比表面积,可以增加土壤对稀土元素的吸附能力。其次,添加生物炭和粉煤灰可以提高土壤有机质、CEC 和 pH 值,进一步增加土壤对稀土元素的吸附能力。添加石灰主要是通过提高土壤 pH 直接钝化土壤中稀土元素的生物可利用性。

②改良剂对稀土元素 Ce、Y、La 和 Nd 化学形态的影响：不同处理土壤中稀土元素 Ce、Y、La 和 Nd 的化学形态变化见图 9-6。不同改良剂对稀土元素 Ce、Y、La 和 Nd 化学形态的影响规律相似，其改良效果总体顺序为：生物炭+石灰＞石灰＞生物炭+粉煤灰＞生物炭＞粉煤灰。不添加改良剂时，4 种稀土元素主要以生物可利用态形式存在，占总量的 88% 以上。生物炭、石灰、"生物炭+粉煤灰"和"生物炭+石灰"处理土壤均不同程度降低了稀土生物可利用态含量，随改良剂施用量增加土壤稀土生物可利用态含量逐渐下降，难利用态含量逐渐增加。

③土壤性状与稀土元素形态的相关性分析：土壤 pH、CEC 和 SOM 的变化与土壤稀土元素形态的相关系数及显著性分析见表 9-6。因土壤稀土 Y、La、Ce 和 Nd 元素的含量占稀土总量的 86% 以上，故以 4 种元素分析土壤性质与元素形态的相关性。土壤 pH 与稀土元素的形态密切相关，除土壤 Ce 元素的交换态和可氧化态不显著相关外，其他元素及形态均显著相关。土壤 SOM 与稀土元素形态相关性较差，除与 Ce 的可还原态与残渣态与 SOM 显著相关外，与其他元素形态均不显著相关。此外，不同元素的形态与 CEC 的相关性变化较大，Ce 元素的所有形态及 Nd 的可氧化态和残渣态均不显著相关，其余元素及形态均显著相关。

表 9-6 稀土元素化学形态与 pH、CEC 和 SOM 的相关性分析

赋存形态	土壤稀土 Y 元素			土壤稀土 La 元素		
	pH	CEC	SOM	pH	CEC	SOM
交换态	0.407*	-0.391*	0.09	0.599**	-0.507**	-0.072
可还原态	-0.886**	0.407*	-0.084	-0.885**	0.417*	-0.057
可氧化态	-0.573**	0.504**	0.165	-0.581**	0.403*	0.078
残渣态	0.927**	-0.349	0.059	0.915**	-0.327	0.105
赋存形态	土壤稀土 Ce 元素			土壤稀土 Nd 元素		
	pH	CEC	SOM	pH	CEC	SOM
交换态	-0.246	-0.237	-0.143	0.495**	-0.487**	-0.024
可还原态	-0.749**	0.244	-0.483**	-0.888**	0.434*	-0.108
可氧化态	-0.204	0.324	0.344	-0.653**	0.241	0.100
残渣态	0.806**	-0.24	0.452*	0.942**	-0.319	0.146

注：*代表显著；**代表极显著。

二、离子型稀土尾矿土壤安全高效利用技术

1. 试验设计

（1）试验区　本试验为大田试验，选取的试验地位于信丰县嘉定镇龙舌村某离子型废弃稀土矿山，中心地理坐标为东经 115°00′53.34″，北纬 25°22′53.87″，用于试验地块面积约 4 亩（1 亩≈667m²），该矿于数十年前先后采用池浸、堆浸工艺开采，矿区基本无植被覆盖，是典型的离子型稀土矿山，具有良好的典型性和代表性。试验开展之前，首先对地块进行翻耕、混合、平整，使地块土壤理化性质趋于基本一致。土地平整后，将试验地划分为 18 个均匀样方，采用五点法对每个样方表层 0~20 cm 土壤取样，共采集 18 个土壤样品，并按有关规范要求测定土壤理化性质（表9-7）。

表 9-7　试验地 0~20 cm 土层土壤理化性质

指标	砂粒/%	粉粒/%	黏粒/%	土壤容重/(g/cm³)	土壤比重/(g/cm³)	土壤总孔隙度/%	土壤持水性/%
数值	56.85±5.12	28.33±6.40	14.85±15.51	1.53±0.18	2.15±0.07	43.38±0.36	22.21±0.31
指标	pH	EC/(μS/cm)	ECE/(cmol/kg)	SOM/(g/kg)	AN/(mg/kg)	AP/(mg/kg)	AK/(mg/kg)	REES/(mg/kg)
数值	4.82±0.12	24.85±3.16	6.05±0.87	1.19±0.79	9.75±4.02	0.65±0.33	16.43±0.03	198.29±40.1

注：REES，稀土元素（rare earth elements），本节后同。

供试土壤改良剂生物炭为纯竹炭，粉煤灰来源于信丰某工厂燃烧后的煤渣（以下简称粉煤灰，本节后同），其理化性质和元素组成分别见表 9-8 和表 9-9。

表 9-8　土壤改良剂理化性质

改良剂	pH	SOM/(g/kg)	AN/(mg/kg)	AP/(mg/kg)	AK/(mg/kg)
生物炭	8.13	63.12	3.85	557.38	106.04
粉煤灰	7.79	84.27	6.65	281.15	158.24

表 9-9　生物炭与粉煤灰的元素组成

改良剂	元素组成/%					原子比			
	C	H	O	N	S	H/C	C/N	O/C	
生物炭	75.84	2.67	13.17	0.82	0.39	1.05	92.48	0.79	
粉煤灰	19.33	0.90	3.76	0.28	0.71	15.60	69.04	14.10	

（2）脐橙种植　利用修复土壤种植脐橙。脐橙苗来源于赣州市安远县橙皇现代农业发展有限公司生产的纽荷尔脐橙（*Citrus sinensis* Osbeck cv. Newhall navel orange），纽荷尔脐橙苗原产于美国，于 1978 年引入我国，在我国广为栽培，是我国主栽品种之一。本次用于试验苗木为两年生脐橙苗，脐橙苗高度为 70 cm，自带营养袋，营养袋半径为 15 cm。同时，为实现果园的生态种植，减少水土和养分的流失，在脐橙果盘撒白花三叶草（*Trifolium repens* L.）草籽，种子来源于江苏长景种业有限公司生产的净籽（冷季型）。白花三叶草为多年生草本，根系发达，根茎或匍匐茎从茎节部位长出，具有蝶形花冠。三叶草固氮能力强，适宜在疏松的砂壤土上生长，具有良好的水土保持功能，对土壤和果树生长有重要影响。前人研究表明，植草有利于改善土壤理化性质，促进果树生长，改善果品品质。本节试验小区内统一配种三叶草，探讨不同水平生物炭、粉煤灰组合对土壤理化性质的影响。

改良剂采用生物炭（A）和粉煤灰（B），施用量分为低（10 g/kg）、中（25 g/kg）、高（50 g/kg）3 个水平，即 1%、2.5%、5%用量。同时，为考察三叶草对土壤理化性质的影响，单独设置两个对照小区，即 CK_1（种植三叶草、配施有机肥、无改良剂），CK_2（不种草、配施有机肥、无改良剂）处理，合计 3×3+2=11 个处理，3 次重复，共 33 个小区，方案设计见表 9-10。

表 9-10　试验设计

处理	A_1	A_2	A_3
B_1	A_1B_1	A_2B_1	A_3B_1
B_2	A_1B_2	A_2B_2	A_3B_2
B_3	A_1B_3	A_2B_3	A_3B_3
	CK_1	CK_2	

试验采用小区种植。为消除土地高差及土壤质地不均匀对试验造成的影响,首先对试验地进行翻耕、混合、土地平整,平整后进行起垄,起垄高度 30 cm,在起垄的田块上划分小区,每个小区长 10 m、宽 2 m,小区列与列之间设置宽为 2 m 的沟渠。每小区种植 5 棵脐橙,每棵脐橙间隔 2 m。小区布局见图 9-7。

图 9-7　试验设计及大田布局

试验于 2018 年 3 月 20 日实施完成。脐橙种植前,在每棵脐橙种植的位置统一配施有机肥,有机肥来源于深圳芭田有限公司生产的有机肥($N+P_2O_5+K_2O \geqslant 5.0\%$,有机质 $\geqslant 45\%$),统一用量为 20 kg。土壤中的有机质能显著改善土壤的理化性状,使土壤耕性变好,渗水能力增强,提高土壤蓄水、保肥、供肥和抗旱防涝能力,增加土壤有机质的方法主要是增施有机肥。生物炭和粉煤灰按照试验处理水平与有机肥、稀土废弃地翻地拌匀,搅拌半径以种植脐橙树为中心周边 60 cm,搅拌深度为 50 cm,搅拌均匀后开穴种植脐橙,白花三叶草草籽人工拌沙后均匀撒播相应小区表面,正常田间管理(图 9-8)。

图 9-8 试验地土壤拌合及脐橙种植

2. 结果与分析

（1）对脐橙生长的影响

①对脐橙枝干生长的影响：不同处理脐橙枝干生长情况见图 9-9。生物炭、粉煤灰对 2019 年脐橙主干粗度有显著影响（A：P = 0.000；B：P = 0.003），而生物炭×粉煤灰处理对脐橙主干粗度无显著影响（A*B = 0.112）（图 9-9a）。A_1、A_2、A_3 三个不同水平生物炭处理主干粗度分别为 22.68 mm、23.61 mm、25.84 mm，其中 A_1、A_2 无显著差异，均显著低于 A_3，与 CK_1（19.25 mm）相比，A_1、A_2、A_3 处理显著高于 CK_1，主干粗度提高 3.25~7.92 mm。相同生物炭水平不同粉煤灰处理主干粗度差异显著，A_1、A_2 水平下，不同粉煤灰处理主干粗度无显著差异；A_3 水平下，B_2、B_3 粉煤灰处理无显著差异，显著高于 B_1，与 B_1 相比 B_3 处理可显著增加主干粗

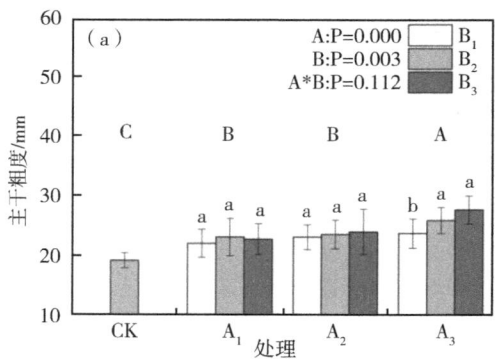

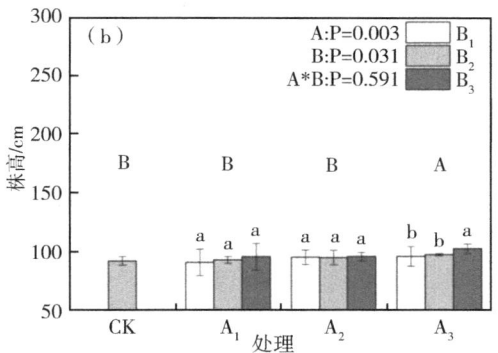

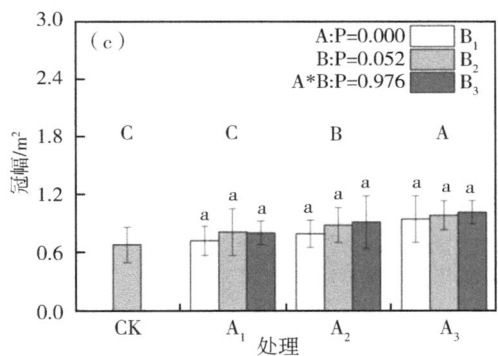

图 9-9 不同处理下脐橙枝干及冠幅生长情况

度 3.95 mm。

生物炭、粉煤灰对 2019 年脐橙株高有显著影响（A：P=0.003；B：P=0.031），而生物炭×粉煤灰处理对脐橙株高无显著影响（A*B=0.591）（图 9-9b）。A_1、A_2、A_3 三个水平生物炭处理株高分别为 93.38 cm、95.55 cm、98.85 cm，其中 A_1、A_2 无显著差异，均显著低于 A_3，与 CK_1（92.35 cm）相比，A_1、A_2 与对照无显著差异，A_3 处理显著高于对照，比对照高 6.50 cm。相同生物炭水平下不同粉煤灰处理株高差异显著，A_1、A_2 水平下，不同粉煤灰处理对脐橙株高无显著影响；A_3 水平下，B_1、B_2 水平粉煤灰处理株高无显著差异，显著低于 B_3 处理，与 B_1 相比，B_3 处理株高增加 6.59 cm。

生物炭对 2019 年脐橙冠幅有显著影响（A：P=0.000），而粉煤灰、生物炭×粉煤灰处理对脐橙冠幅无显著影响（B：P = 0.052；A * B：P = 0.976）（图9-9c）。A_1、A_2、A_3三个水平处理脐橙树冠幅分别为0.79 m^2、0.87 m^2、0.99 m^2，处理间差异显著，与CK_1（0.69 m^2）相比，A_1与CK1无显著差异，A_2、A_3处理脐橙冠幅显著高于CK_1，比CK_1分别增加0.1 m^2和0.3 m^2。相同生物炭水平不同粉煤灰处理间脐橙树冠幅无显著差异。

总体上，A3B3生物炭与粉煤灰最优，说明高水平生物炭和粉煤灰组合有利于促进脐橙生长。

②修复措施对脐橙梢、叶生长的影响：不同处理脐橙梢、叶生长情况见图9-10。生物炭、粉煤灰和生物炭×粉煤灰处理对脐橙枝叶有显著影响，且2020年枝叶相关指标均显著高于2019年，不同年份脐橙生长景观影像见图9-11。果园植草有利于促进脐橙生长。配对样本T检验表明，CK_1与CK_2叶绿素含量和叶面积指数差异显著，主干粗度、株高、冠幅、梢长度与梢粗度差异不显著。其中，叶绿素含量和叶面积指数分别为51.55和2.05，

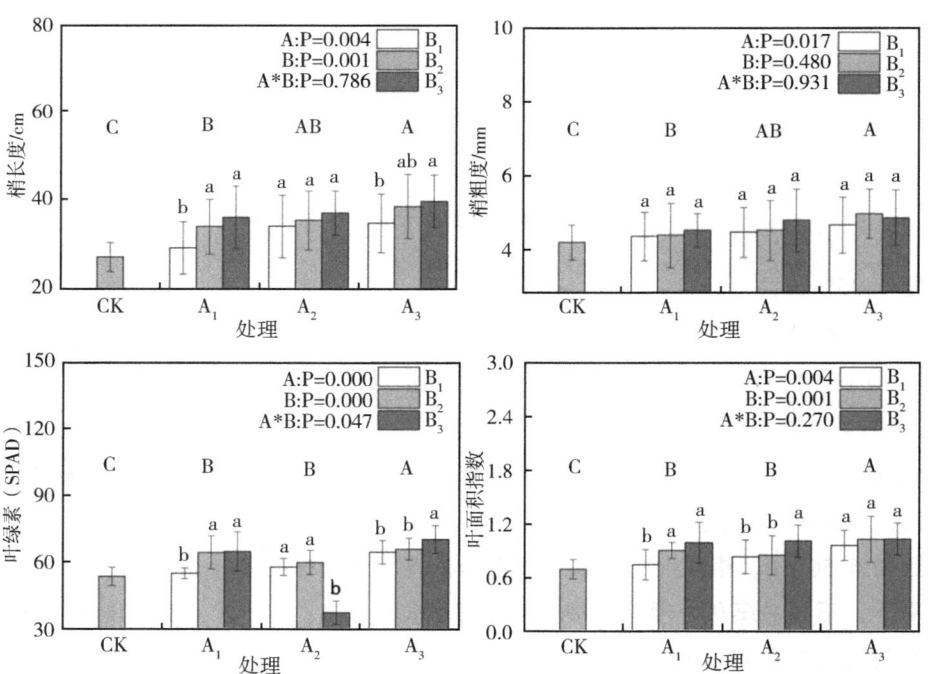

图9-10 不同处理脐橙梢叶生长情况

比 CK_2 分别高 2.31 和 0.22，说明三叶草的种植有利于叶绿素的聚集，促进了叶子的生长。

(a) 种植 0 年，(b) 种植 1 年，(c) 种植 2 年

图 9-11　不同时期脐橙生长情况

③修复措施对脐橙果品品质的影响。

修复措施对脐橙果品外观的影响：粉煤灰、生物炭、生物炭×粉煤灰处理对脐橙果形指数均无显著影响（A：P=0.558；B：P=0.419；A*B：P=0.14）。A_1、A_2、A_3 三个水平生物炭处理脐橙果形指数分别为 0.99、1.01、0.99，处理间无显著差异，与 CK_1（0.99）相比，也不存在显著差异。相同生物炭水平不同粉煤灰处理橙果形指数无显著差异。不同交互处理果形指数无显著差异，各组别果形指数均接近于 1，果实整体圆润平滑。

表 9-11　不同处理对脐橙果品外观形象的影响

处理	单果重/g	果皮重/g	果皮厚/mm	纵径/mm	横径/mm	果形指数
A_1B_1	215.87±19.91a	100.00±15.16a	6.09±1.06a	80.21±2.82a	80.18±2.11b	1.00±0.04a
A_1B_2	222.53±36.86a	99.17±21.73a	6.80±0.79a	82.41±4.32ab	83.14±2.02a	0.99±0.05a
A_1B_3	246.7±29.10a	112.50±18.03a	5.61±1.06a	76.79±3.62b	78.07±5.65c	0.99±0.05a
A_2B_1	252.93±15.54a	122.08±32.94a	6.35±0.92a	80.18±4.05a	81.66±2.94b	0.91±0.28a
A_2B_2	260.83±60.53a	122.92±10.10a	6.39±0.89a	82.34±5.19a	82.56±3.32a	1.00±0.07a
A_2B_3	268.37±53.55a	125.42±16.79a	6.52±0.82a	79.30±4.80a	78.09±3.86c	1.02±0.04a
A_3B_1	275.83±25.04a	127.92±28.40a	6.24±1.29a	78.63±6.94a	78.46±6.35a	1.00±0.05a
A_3B_2	276.70±16.10a	139.58±4.02a	7.00±1.16a	78.28±3.87a	77.41±1.75a	1.01±0.03a
A_3B_3	299.60±44.19a	142.08±39.02 a	6.80±0.92a	77.70±5.70a	79.29±2.15a	0.98±0.06a

(续表)

处理	单果重/g	果皮重/g	果皮厚/mm	纵径/mm	横径/mm	果形指数
CK_1	210.91±25.86b	110.01±9.87a	7.00±0.85a	76.23±6.65a	77.16±2.12a	0.99±0.05a
CK_2	209.91±23.76b	110.05±9.97a	7.05±0.83a	75.22±6.65a	76.26±2.12a	0.99±0.04a
显著性水平	A:P=0.012; B:P=0.372; A*B:P=0.993	A:P=0.018; B:P=0.632; A*B:P=0.973	A:9=0.121; B:P=0.084; A*B:P=0.11	A:P=0.124; B:P=.034; A*B:P=0.535	A:P=0.030; B:P=.020; A*B:P=0.037	A:P=0.558; B:P=0.419; A*B:P=0.14

修复措施对脐橙果品品质的影响：不同水平生物炭与粉煤灰组合对果品品质有显著影响，总体上，A_3B_3综合效果最优，能显著提高脐橙果实可实率和汁重，使果实更加圆润，并提高果实糖度和固酸比，降低酸度，改善果实食用口感及商品价值，这说明在极度贫瘠及漏水漏肥的稀土废矿区，采用高生物炭与粉煤灰配比，有利于改善土壤养分状况，为脐橙树体生长发育提供充足的养分，从而改善脐橙果品。果园种植三叶草有利于改善果品品质。配对样本 T 检验表明，CK_1与CK_2果实汁重、出汁率、可溶性固形物、可滴定酸度差异显著，单果重、果皮重、果皮厚、纵径、横径、果形指数等差异不显著。其中，果实汁重、出汁率、可溶性固形物分别为90.01g、35.05%、8.05%，比CK_2分别提高6.02 g、2.23%、0.72%，可滴定酸度为0.81g/mL，比CK_2降低0.15 g/mL，说明三叶草的种植增加了果汁，改善了果实口感。

表 9-12 不同处理对脐橙果品内在品质的影响

处理	可食率/%	汁重/g	出汁率/%	可溶性固形物/%	可滴定酸度/（g/mL)	固酸比
A_1B_1	51.12±7.12a	91.67±11.34a	36.51±6.80a	8.89±0.85b	0.79±0.07a	11.35±1.13b
A_1B_2	53.45±2.49a	91.25±6.96aa	36.47±9.62a	9.70±1.82a	0.76±0.01b	12.69±2.40a
A_1B_3	53.71±4.70a	97.92±10.63a	45.92±9.40a	10.52±0.44a	0.73±0.05c	14.41±1.58a
A_2B_1	50.10±1.44b	90.42±11.88a	33.88±11.60a	8.99±1.03b	0.77±0.01a	11.61±1.42a
A_2B_2	55.67±2.62a	98.75±15.21a	44.90±8.51a	10.56±1.14a	0.72±0.07b	14.76±2.56a
A_2B_3	54.58±2.03a	104.58±11.34a	42.84±6.23a	11.57±0.55a	0.68±0.05c	17.02±1.35a
A_3B_1	49.40±4.02b	102.50±17.63a	37.10±6.34a	9.99±2.03b	0.69±0.01a	14.33±2.96b
A_3B_2	52.46±1.44a	110.42±7.11a	42.40±9.96a	11.31±0.77a	0.65±0.02b	17.38±1.33a

（续表）

处理	可食率/%	汁重/g	出汁率/%	可溶性固形物/%	可滴定酸度/（g/mL）	固酸比
A_3B_3	54.63±2.69a	111.25±3.31a	40.51±2.98a	12.33±0.56a	0.62±0.01c	19.81±0.78a
CK1	48.03±1.58b	90.01±5.67b	30.05±3.54b	8.05±1.23b	0.81±0.01a	11.02±1.21b
CK2	48.00±1.55b	96.03±5.38b	32.28±3.22b	8.77±1.25b	0.66±0.02a	11.12±1.11b
显著性水平	A：P=0.753； B：P=0.044； A*B：P=0.870	A：P=0.41； B：P=0.222； A*B：P=0.939	A：P=0.971； B：P=0.154； A*B：P=0.611	A：P=0.033； B：P=0.02； A*B：P=0.956	A：P=0.000； B：P=0.011； A*B：P=0.949	A：P=0.000； B：P=0.000； A*B：P=0.743

④修复措施对脐橙果实重金属含量的影响。

修复措施对脐橙果实非稀土重金属含量的影响：不同处理果实重金属含量见表9-13。各处理果实常规重金属含量中，Cr含量在180.15～405.48 μg/kg，低于食品安全国家标准《食品中污染物限量》（GB 2762—2022）上限标准（500 μg/kg）；Ni含量在113.55～202.46 μg/kg，低于上限标准值（1 000 μg/kg）；Cu含量在1 673.77～2 060.54 μg/kg，低于上限标准值（10 000 μg/kg）；Zn含量在2 816.24～4 578.27 μg/kg，低于上限标准值（50 000 μg/kg）；As含量在1.61～39.08 μg/kg，低于上限标准值（50 μg/kg）；Cd含量在0.77～18.00 μg/kg，低于上限标准值（50 μg/kg）；Pb含量在0.00～95.95 μg/kg，低于上限标准值（100 μg/kg）。从表9-13可以看出，不同组合生物炭和粉煤灰土壤重金属含量普遍低于对照，种植三叶草对照CK_1低于不种草CK_2，说明三叶草、生物炭和粉煤灰对土壤重金属有一定的吸持作用。

表9-13　不同处理果实中重金属含量　　　　（单位：μg/kg）

处理	Cr	Ni	Cu	Zn	As	Cd	Pb
A_1B_1	218.26±45.68c	113.55±31.07a	1 796.12±70.85b	4 495.49±438.34a	6.90±3.74a	4.94±1.84b	95.950±19.24a
A_1B_2	378.91±106.37b	115.24±23.77a	1 819.80±202.10b	4 786.46±266.20a	6.33±4.39a	11.43±2.67a	95.79±29.40a
A_1B_3	405.48±73.84a	116.46±24.29a	2 033.63±78.54a	4 578.27±276.91a	1.61±1.02b	0.77±0.50c	52.98±4.47b
A_2B_1	244.34±67.85a	129.53±114.06a	1 843.02±199.73a	4 079.94±493.03a	10.12±2.54b	28.71±8.52a	90.848±28.64a

（续表）

处理	Cr	Ni	Cu	Zn	As	Cd	Pb
A_2B_2	232.88±56.22a	118.24±23.77b	1 804.58±161.75a	3 112.78±244.03b	39.08±13.85a	18.00±10.88b	9.36±2.25b
A_2B_3	209.32±53.03b	125.46±24.29a	1 744.91±162.58a	2 380.67±287.12c	16.48±4.75b	12.97±5.80c	7.91±3.29b
A_3B_1	253.20±57.69a	162.47±78.36b	1 714.56±203.40b	3 664.49±597.27a	11.31±4.21a	3.95±2.41a	27.37±5.37a
A_3B_2	249.56±62.58a	202.46±45.09a	1 673.77±94.07b	2 816.24±265.29b	11.07±6.30a	1.66±1.08b	0.00±0.00b
A_3B_3	180.15±29.90b	160.45±45.39b	2 060.54±158.61a	3 326.21±352.00a	11.72±5.77a	1.96±1.39b	20.59±6.28a
CK_1	498.89±212.54	93.43±27.41	2 328.93±293.27	5 597.37±320.82	26.91±17.53	9.54±2.60	101.74±22.98
CK_2	512.11±203.34	98.13±20.21	2 320.13±245.22	5 621.25±331.12	27.11±16.53	9.43±2.15	102.11±21.89
标准值上限	500	1 000	10 000	50 000	50	50	100

修复措施对脐橙果实稀土重金属含量的影响：不同处理脐橙果实稀土元素含量及总量变化见表9-14。脐橙样品中稀土元素 La 含量最高，含量位列第2、第3、第4高的稀土元素依次是 Ce、Nd 和 Y，这与赣南稀土矿区周边土壤样品主要元素丰度相一致。与种植三叶草组别 CK_1 相比，不种草组别 CK_2 稀土含量普遍高于 CK_1，说明三叶草对稀土有一定的吸持作用。不同处理脐橙果实非稀土重金属元素和稀土元素含量均低于食品安全国家标准《食品中污染物限量》（GB 2762—2022）上限标准，没有出现超标现象。总体上，各组别脐橙稀土含量较低，A_2B_1、A_2B_2、A_2B_3、A_3B_2 等组别非稀土重金属元素和稀土元素含量较低，脐橙重金属含量不会对人体造成影响。

专题9 离子型稀土尾矿区土壤退化培肥及安全高效利用技术

表9-14 不同处理对脐橙果实稀土重金属含量的影响

单位：mg/kg

处理	Y	Sc	Gd	Tb	Dy	Ho	Er	Tm	Yb	Lu	La	Ce	Pr	Nd	Sm	Eu	ΣREEs
稀土元素																	
A_1B_1	276.96b	15.15a	63.79a	15.11a	68.35b	16.46a	43.68a	9.91a	46.17a	10.28a	517.47b	462.50a	116.80a	399.70b	81.73a	18.68a	2 162.74
A_1B_2	312.24a	17.97a	69.42a	12.50a	81.73a	15.06a	45.79a	7.84abc	48.67a	7.93a	334.44c	285.42b	64.30b	251.86c	68.99a	5.39b	1 629.55
A_1B_3	337.00a	13.89a	65.75a	9.49a	64.32b	12.28a	39.45a	6.24abc	37.84a	6.27a	828.91a	491.73a	126.53a	427.73a	79.15a	30.13a	2 576.71
A_2B_1	0.90a	0.00a	0.00a	0.00a	2.38a	0.00a	0.00a	0.20c	1.31a	5.50a	41.99a	9.84a	10.82a	33.84a	3.76a	1.68a	112.22
A_2B_2	0.00a	0.00a	0.00a	0.00a	0.97a	0.00a	0.00a	0.066c	0.33a	4.04a	11.12b	0.00b	7.26a	19.30b	1.69a	0.96a	45.74
A_2B_3	0.00a	0.00a	0.00a	0.00a	1.24a	0.00a	0.00a	0.26c	0.20a	5.63a	25.25b	0.00b	8.67a	31.31a	2.42a	1.13a	76.11
A_3B_1	24.18a	10.451a	7.44b	2.59a	6.81b	1.97a	3.55b	1.96bc	2.71b	3.14a	119.35b	45.85b	18.44b	49.96b	8.47b	4.24b	311.11
A_3B_2	35.70b	8.66a	4.43b	0.00b	3.45b	0.00b	2.65b	0.00c	0.58b	0.00b	93.66b	67.51b	13.86b	43.87b	4.62b	0.33a	279.32
A_3B_3	240.67a	10.11a	48.30a	7.72a	50.20a	8.96a	29.29a	4.00abc	23.72a	3.52a	476.46a	286.69a	83.46a	281.66a	57.91a	5.04a	1 617.71
CK_1	355.14	11.49	63.14	10.55	72.09	13.68	41.04	6.28	38.53	5.73	786.23	331.81	112.20	435.23	65.89	10.78	2 359.81
CK_2	362.11	12.38	65.22	11.75	74.29	14.11	42.34	6.31	39.13	5.55	785.29	334.11	113.140	436.21	66.18	11.28	2 379.40

参考文献

STEINBEISS S, GLEIXNER G, ANTONIETTI M, 2009. Effect of biochar amendment on soil carbon balance and soil microbial activity [J]. Soil Biology & Biochemistry, 41 (6): 1301-1310.

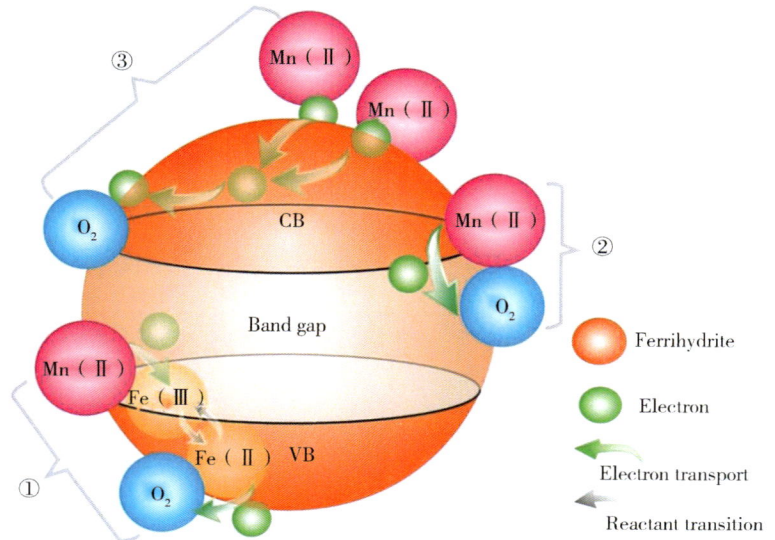

①电子通过界面氧化还原电对Fe(Ⅱ)/Fe(Ⅲ)在Mn(Ⅱ)和O_2之间进行传递(界面催化途径Ⅰ,通过Mn(Ⅱ)-Fe(Ⅱ,Ⅲ)-O_2络合的电子传递);②电子在水铁矿表面相互接触的络合Mn(Ⅱ)和络合O_2之间直接的电子传递(界面催化途径Ⅱ,通过Mn(Ⅱ)-O_2络合物的电子传递);③电子通过矿物导带在即使不相互接触的络合Mn(Ⅱ)和络合O_2之间进行电子传递(电化学催化途径,通过矿物表面络合Mn(Ⅱ)-导带$_{水铁矿}$-络合O_2的电子传递)

彩图2-3 Mn(Ⅱ)在水铁矿表面氧化过程机理图

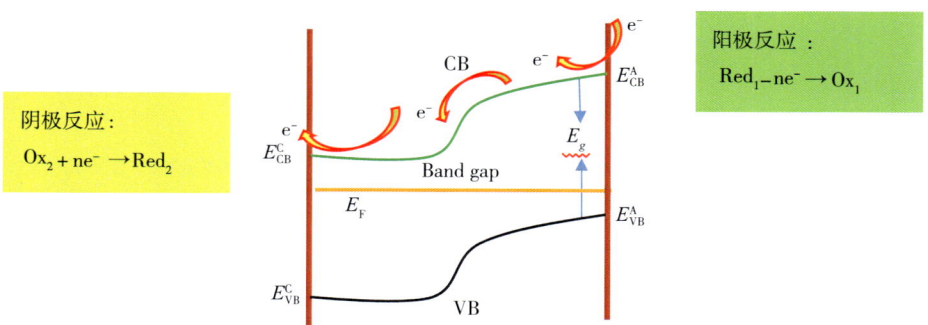

$Ox_2+Red_1 \rightarrow Ox_1+Red_2$;FL=费米能级,VB=价带,CB=导带,$E_{CB}^A$=阳极导带边缘能,$E_{VB}^A$=阳极价带边缘能,$E_{CB}^C$=阴极导带边缘能,$E_{VB}^C$=阴极价带边缘能,$E_F$=矿物费米能,Ox:氧化离子;Red:还原离子

彩图2-4 电化学氧化还原反应机理概念图

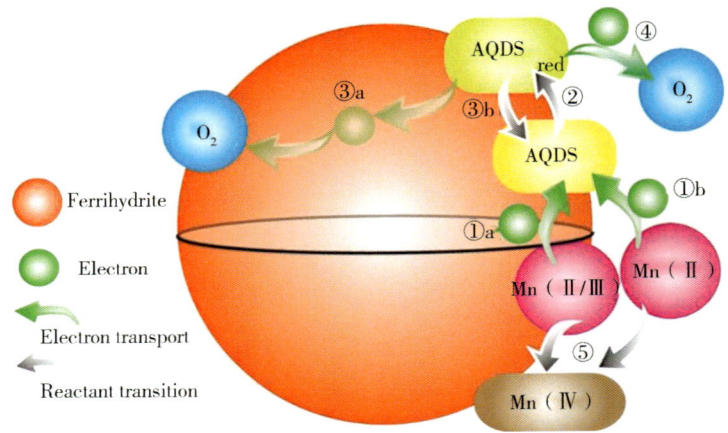

彩图2-5　AQDS催化Mn（Ⅱ）氧化生成水钠锰矿原理示意图

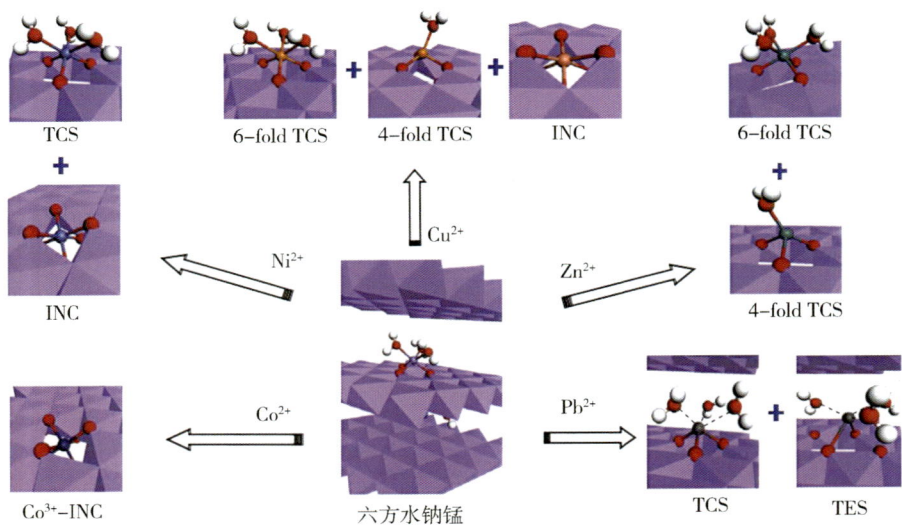

彩图3-5　不同的金属离子吸附在六方水钠锰矿空位上形成的配位
（Kown et al., 2013）

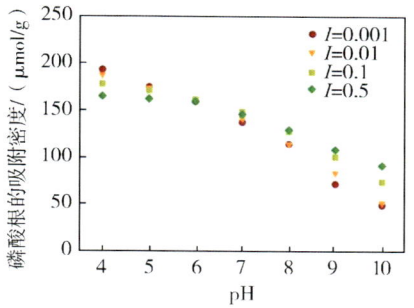

彩图4-1 不同离子强度条件下磷酸根在勃姆石表面的pH吸附（Li et al., 2013）

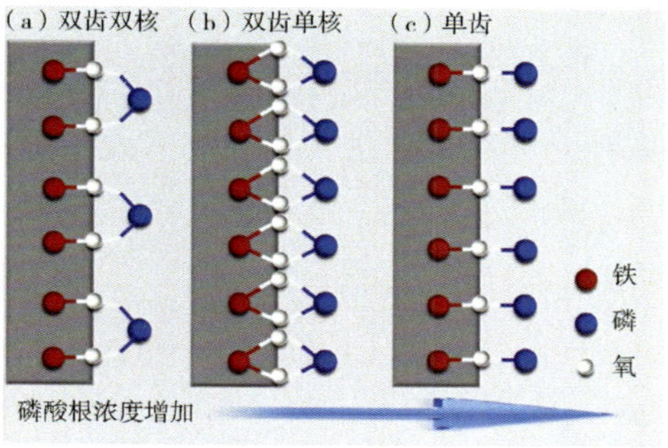

彩图4-2 基于P-EXAFS数据提出的磷酸根在针铁矿表面吸附模型（Abdala et al., 2015a）

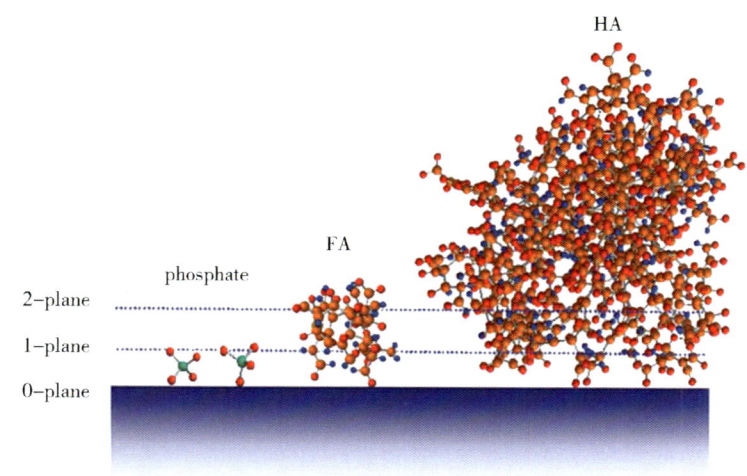

彩图4-3 磷酸根、FA和HA吸附在针铁矿表面，扩展的Stern模型用于描述双电层的结构（Weng et al., 2008）

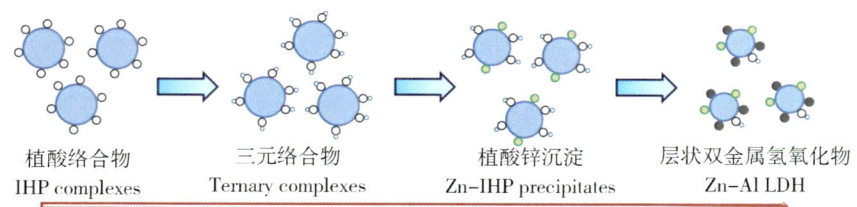

彩图4-4 植酸与锌离子在γ-氧化铝表面的共吸附机制简图（Yan et al., 2018a）

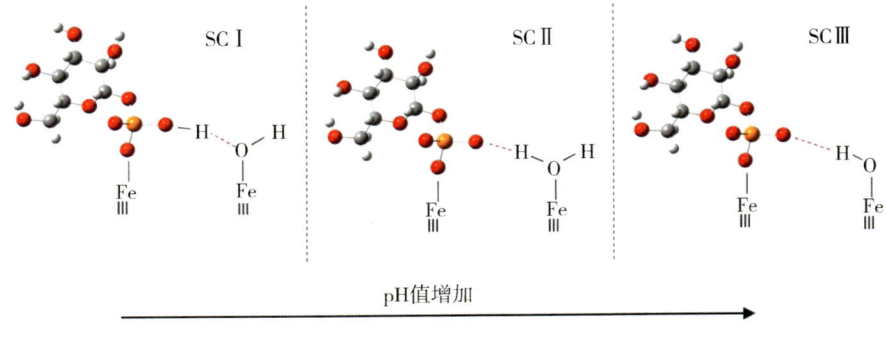

红色点线表示氢键

彩图4-5　葡萄糖-1-磷酸在针铁矿表面的吸附机制简图（Olsson et al.，2010）

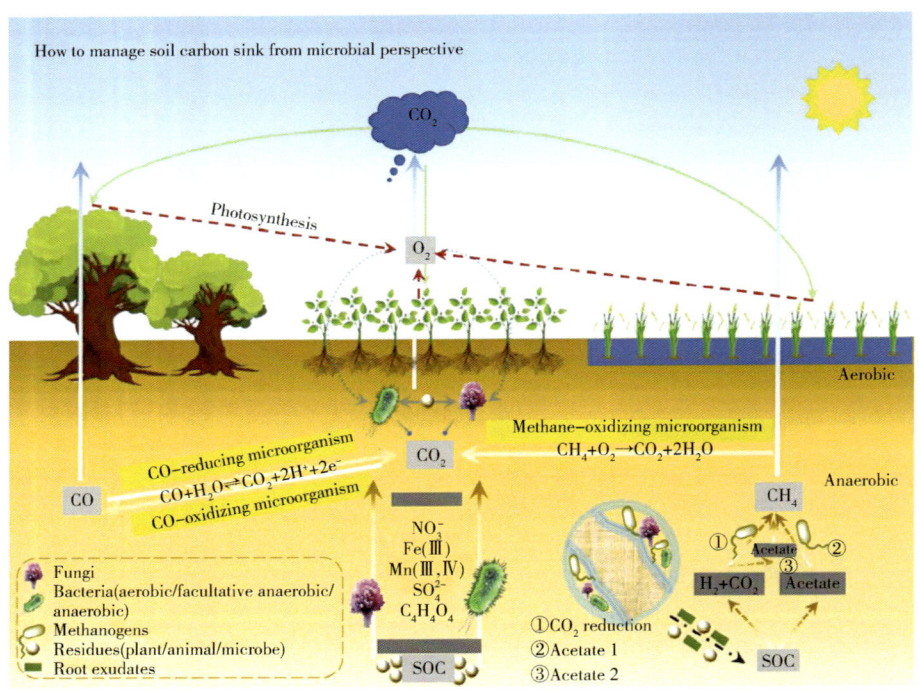

彩图6-1　微生物参与碳排放的示意图（Tang et al.，2022）

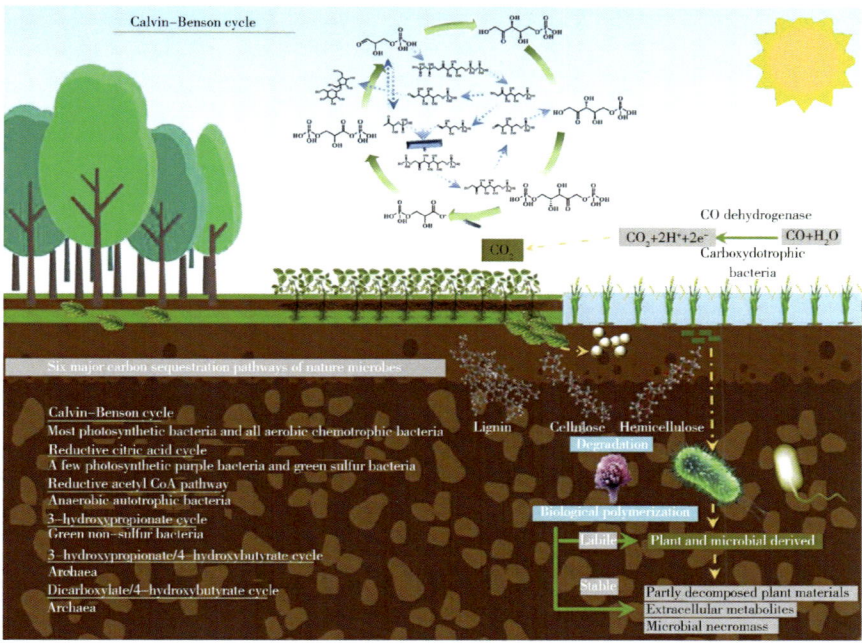

彩图6-2 微生物参与碳固定的示意图（Tang et al., 2022）

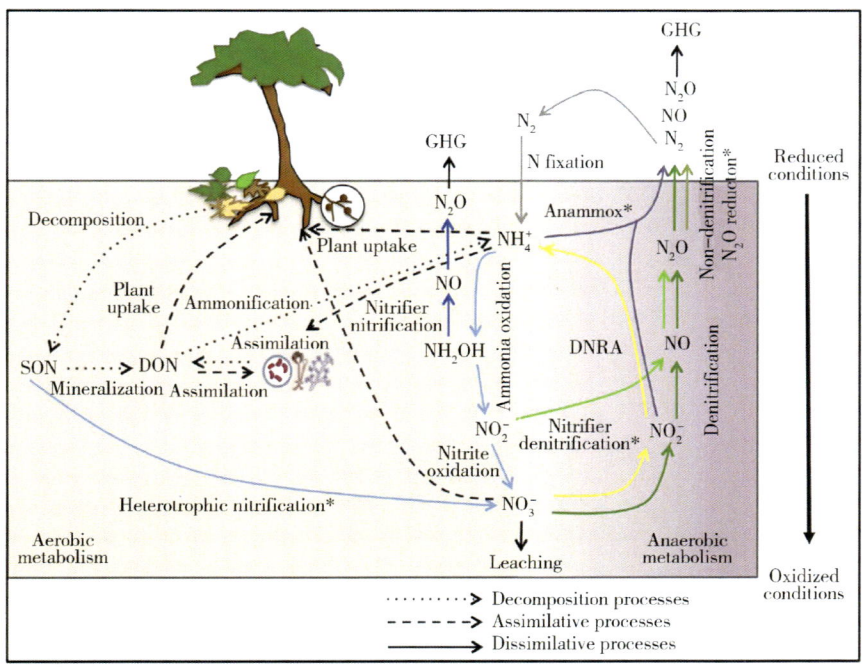

彩图6-3 微生物参与的土壤氮循环过程（Pajares and Bohannan, 2016）

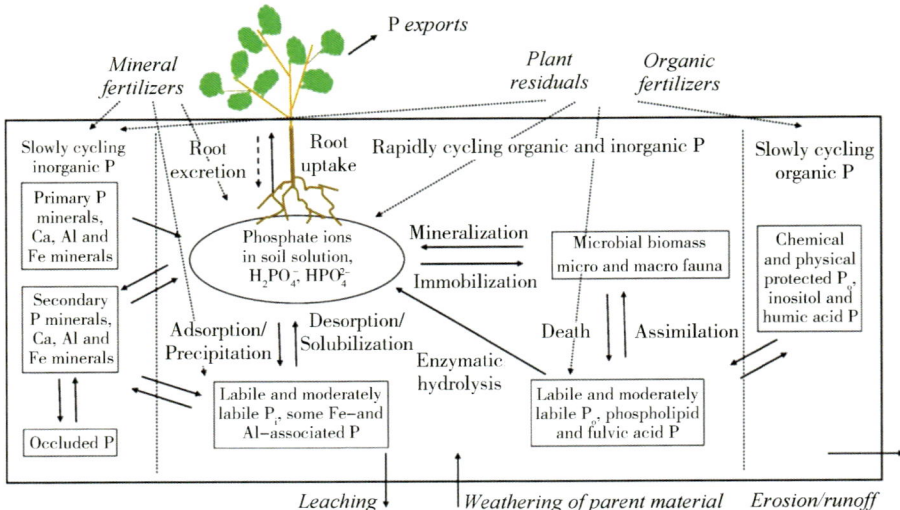

彩图6-4　土壤—植物和土壤—溶液系统中磷的物理化学和生物转化
（Zhu et al., 2018）

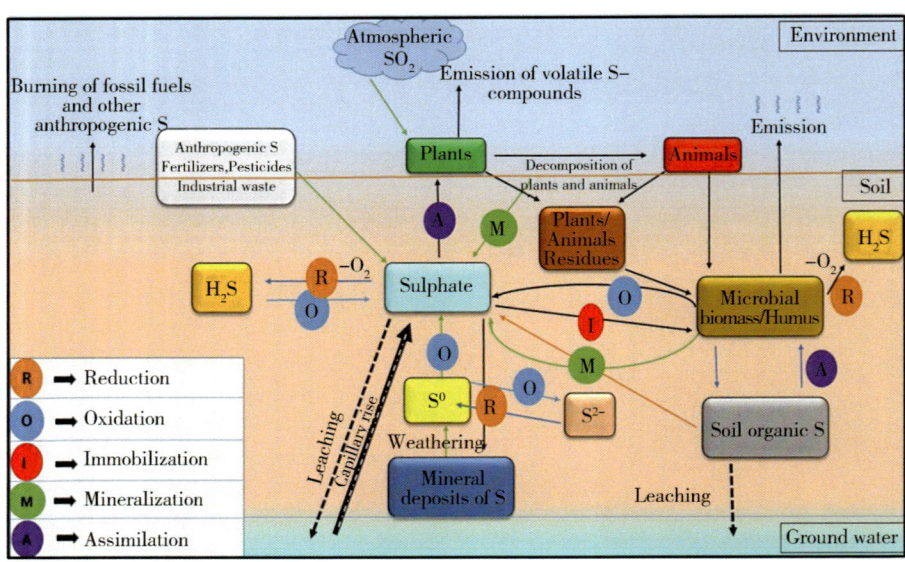

彩图6-5　土壤中的硫循环过程（Chaudhary et al., 2023）

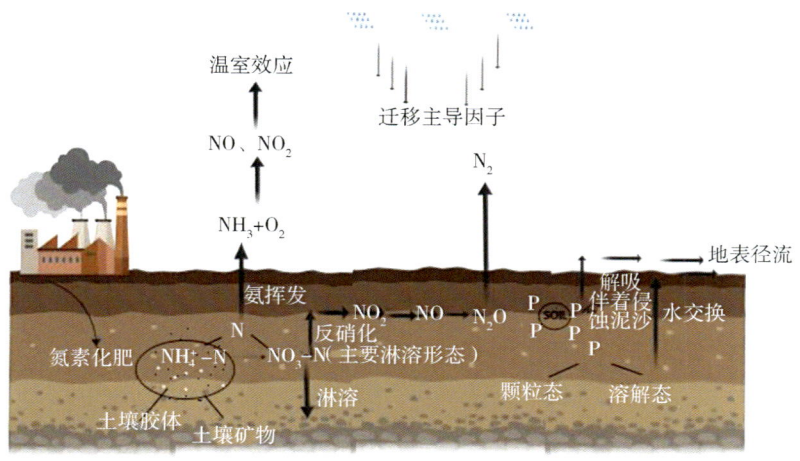

彩图7-1 氮素、磷素的迁移转化途径

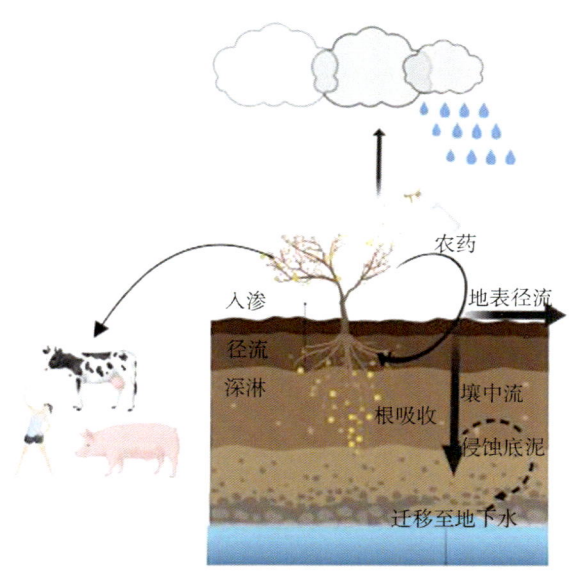

彩图7-2 农药的迁移

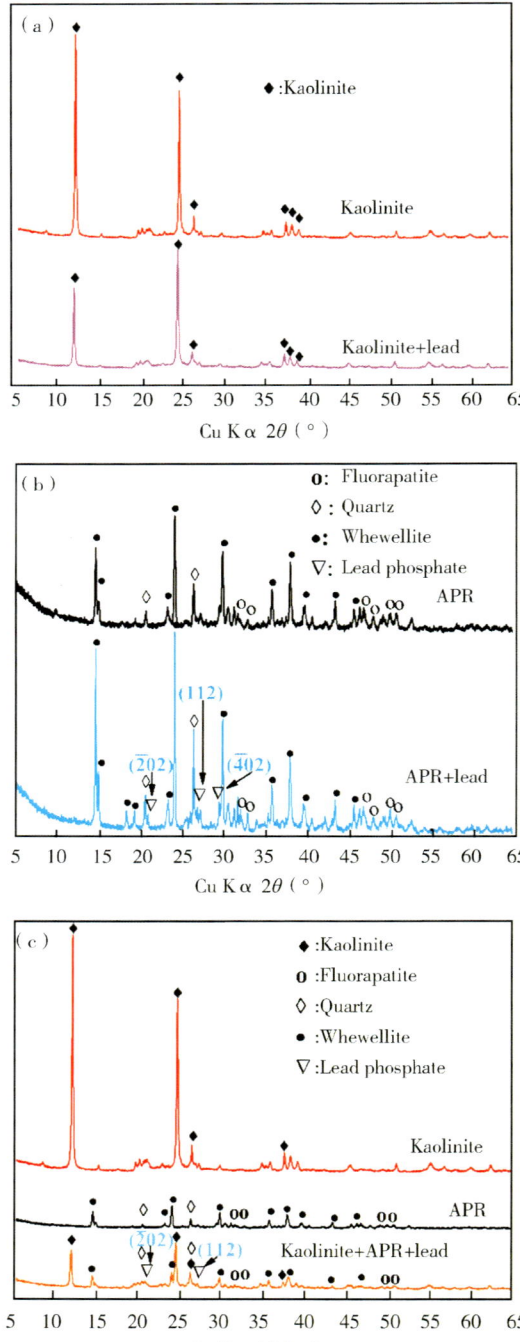

彩图8-4　高岭石（a）、APR（b）、"高岭石+APR"（c）反应残留物的XRD谱图